（第二版）

电气二次接线

识图

主　编　文　锋　臧家义
副主编　李艳红　侯梅毅
　　　　胡文峰　李长云
主　审　黄平平

中国电力出版社
CHINA ELECTRIC POWER PRESS

内 容 提 要

全书共分十一章，主要内容有电气二次接线概述、互感器及其接线、断路器及其控制、隔离开关及其控制、测量及监察系统、输电线路保护、变压器保护、母线差动保护及断路器失灵保护、自动装置、操作电源及接线、二次接线的安装施工图等。

全书内容新颖、实用，由浅入深、通俗易懂、文图并茂，可供从事电气运行、检修、试验的电工及工矿企业、电力系统电工和农村电工阅读，也可供电力中专、电力技校的学生学习使用。

图书在版编目(CIP)数据

电气二次接线识图/文锋，臧家义主编．—2版．—北京：中国电力出版社，2025.11

ISBN 978-7-5123-5353-4

Ⅰ．①电…　Ⅱ．①文…②臧…　Ⅲ．①发电厂-二次系统-导线连接-识图　Ⅳ．①TM645.2

中国版本图书馆 CIP 数据核字(2013)第 299601 号

中国电力出版社出版、发行

(北京市东城区北京站西街 19 号　100005　http://www.cepp.sgcc.com.cn)
廊坊市文峰档案印务有限公司印刷
各地新华书店经售

＊

2000 年 2 月第一版
2014 年 3 月第二版　　2025 年 11 月北京第二十四次印刷
787 毫米×1092 毫米　32 开本　6 印张　127 千字
印数 58101—59100 册　　定价 **20.00** 元

前　言

　　二次接线是发电厂和变电所安全生产、运行维护的重要组成部分,对电力系统安全可靠运行有着极其重要的作用。电力生产的一次设备在运行中常发生故障甚至事故,因此必须装设用以监控、测量和发报警信号的继电保护和自动装置等电气二次设备,以便在一次设备发生事故时能快速、准确、可靠地切除事故,使电力系统保持最好的运行状态。

　　随着电力行业的高速发展,电气二次设备的自动化水平得到很大提高,电气二次接线显得更加重要,本书通过对大量工程图纸的介绍分析,力图使读者掌握电气二次接线基本方法,提高实际工作能力。

　　本书第一版先后印刷13次,发行量达10万余册,得到广大读者的认可。为紧跟电力工业的科技发展,本书第二版删除了第一版中的控制开关、信号系统、CKJ型距离保护、CKJ型高频闭锁距离保护的逻辑电路和自动按频减负荷装置等内容,同时增加了电容式电压互感器、隔离开关的操作范围、LFP-901/902A(C)型超高压线路成套快速保护和低压低频减载装置等内容。

　　本书内容紧密结合电力生产实际,选图典型实用,解析由浅入深、文字通俗易懂,可供从事电气运行、检修、试验的初学者使用,也可供电力职业院校的学生使用。

由于编者水平有限,收集资料不够全面,书中内容难免有不足之处,恳请读者批评指正。

编　者

2013 年 10 月

第一版前言

发电厂及变电所的控制接线，又称为"二次接线"，是发电厂和变电所安全生产、运行维护的重要组成部分，对电力系统安全可靠运行有着极其重要的作用。电力生产实践证明，电力生产的一次设备在运行中常发生故障甚至造成事故，这就必须装设用以监控、测量和发报警信号的继电保护和自动装置等电气二次设备，以便在一次设备发生事故时能快速、准确、可靠地切除事故，使电力系统保持最好的运行状态。

新中国成立以来，特别是近十多年来，电力工业得到高速发展，电气二次设备的自动化水平得到很大提高，电气二次接线显得更加重要。本书通过对大量工程图纸的介绍分析，力图使读者尽快学会和掌握电气二次接线识图、绘图的基本方法，提高实际工作能力。

本书内容密切结合电力生产实际，选图典型，文字通俗易懂，便于自学。同时，为执行和推广国家新技术标准，书中图形和文字符号全部采用新规定的符号。

本书由高校从事电力教学的老教师和电力生产第一线的高级工程师执笔，由山东黄台发电厂总工程师郭荣兴主审。

由于编写此类书籍的经验不足，收集资料不够全面，书中内容和图例难免有不足之处，恳请读者批评指正。

编　者
1999 年 9 月

目 录

第一章

电气二次接线概述

电能的生产、输送和分配，需要大量的电气设备，这些设备经各种接线相连接，构成复杂的电力系统。在发电厂和变电所中，通常将电气接线分为一次接线和二次接线，将电气设备分为一次设备和二次设备。

一次设备是指直接生产、输送和分配电能的高电压、大电流的设备，又称为主设备，包括发电机、变压器、断路器、隔离开关、电力电缆、母线、输电线、电抗器、避雷器、高压熔断器、电流互感器、电压互感器等。由一次设备连接在一起构成的电路，称为一次接线或主接线。

二次设备是指对一次设备进行监察、控制、测量、调整和保护的低压设备，又称为辅助设备，包括测量仪表、控制和信号器具、继电保护装置、自动远动装置、操作电源、控制电缆及熔断器等。由二次设备互相连接构成的电路称为二次接线，又称为二次回路。

二次接线是发电厂和变电所电气接线的重要组成部分，是电力系统安全生产、经济运行的可靠保障。二次接线的基本任务是：反映一次设备的工作状况，控制一次设备；当一次设备发生故障时，能将故障部分迅速退出工作，保持电力系统处在最佳运行状态。

电力系统由一次接线和二次接线共同组成，它们是不可分割的一个整体。如果将电力系统比喻成一个人，那么一次接线是人的骨骼和肌肉，而二次接线则是人的神经系统，只有二者都处在良好的状态，才能保证电力系统的正常运行。尤其是在高度自动化的现代电网中，二次接线的重要作用更显突出。

二次接线图以国家规定的通用图形符号和文字符号来表示二次设备的相互连接关系。我国在电力生产中常采用三种形式的二次接线图纸，即原理接线图、展开接线图和安装接线图。美国采用逻辑图、原理图、接线图三种形式。二次接线图的绘制原则是接线简明清晰，能准确地表示系统的运行工况，便于现场施工和调试操作，便于实现自动化，其绘制标准参照国内发布的相关电气图形符号标准。

电力系统继电保护装置是安装在系统主要元件发电机、变压器、输电线路、母线和电动机上的具有特殊功能的自动装置。当被保护的任一元件发生故障或处于不正常工作状态时，司职于保护该元件的自动装置立刻作用于该元件的断路器使其跳闸切除故障或发出异常信号。

对继电保护装置的基本要求如下：

（1）选择性。当电力系统任一点发生故障时，继电保护装置应保证只切除故障元件，非故障部分仍能继续运行。

（2）快速性。当电力系统发生故障时，为保证系统的稳定性，要求继电保护装置以最快的速度切除故障，同时减少系统低压状态下的工作时间。

（3）灵敏性。在保护范围内发生故障时继电保护装置的反应能力，不论系统运行方式、故障类型、故障点位置如何，保护均应灵敏可靠动作。

（4）可靠性。当故障发生在保护范围内时，继电保护装置应可靠动作，不应拒绝动作；而在正常运行或故障发生在保护范围外部时保护应可靠不动作，不应发生误动作。

对继电保护装置的四个基本要求，最重要的是可靠性，也是电力系统进行保护配置时应首先考虑的因素。

第一节　看二次接线图的基本方法

二次接线的最大特点是其设备、元件的动作严格按照设计的先后顺序进行，逻辑性很强，所以读图时只需按一定的规律进行，便会显得条理清楚，易读易记。

看图的基本方法可以归纳为六句话（即"六先六后"）：先一次，后二次；先交流，后直流；先电源，后接线；先线圈，后触点；先上后下；先左后右。下面对"六先六后"作逐一说明。

所谓"先一次，后二次"，就是当图中有一次接线和二次接线同时存在时，应先看一次部分，弄清是一次设备及其工作性质，再看对一次部分起监控作用的二次部分，具体起什么监控作用。

所谓"先交流，后直流"，就是当图中有交流和直流两种回路同时存在时，应先看交流回路，再看直流回路。交流回路一般由电流互感器和电压互感器的二次绕组引出，直接反映一次接线的运行状况；而直流回路则是对交流回路各参数的变化所产生的反映（监控和保护作用）。

所谓"先电源，后接线"，就是不论在交流回路还是直流回路中，二次设备的动作都是由电源驱动的，所以在看图时，应先找到电源（交流回路的电流互感器和电压互感器的二次绕组），再由此顺回路接线往后看：交流沿闭合回路依次分析设备的动作；直流侧从正电源沿接线找到负电源，并分析各设备的动作情况。

所谓"先线圈，后触点"，就是先找到继电器或装置的线圈，再找到其相应的触点。因为只有线圈通电（并达到其启动值），其相应触点才会动作；由触点的通断引起回路的变化，进一步分析整个回路的动作过程。

所谓"先上后下"和"先左后右"，可理解为：一次接线的母线在上而负荷在下；在二次接线的展开图中，交流回路的互感器二次绕组（即电源）在上，负载绕组在下；直流回路正电源在上、负电源在下，驱动触点在上、被启动的绕组在下；端子排图、屏背面接线图一般也是由上到下排列；单元设备编号一般是按由左至右的顺序排列。

以上所说的"六先六后"是二次接线看图的基本方法和一般性规律，对于个别情况还需具体分析。后面对电力生产中常用的二次接线原理图、展开图和安装图分别进行介绍。

第二节　二次接线原理图

二次接线原理图是用来表示二次接线各元件（二次设备）的电气连接及其工作原理的电气回路图。

二次接线原理图的特点如下：

（1）二次接线和一次接线的相关部分画在一起，且电气元件以整体的形式表示（线圈与触点画在一起），能表明各二次设备的构成、数量及电气连接情况，图形直观形象，便于设计构思和记忆。

（2）用统一的图形和文字符号表示，按动作顺序画出，便于分析整套装置的动作原理，是绘制展开接线图等其他工程图的原始依据。

（3）缺点是不能表明元件的内部接线、端子标号及导线连接方法等，因此不能作为施工图纸。

下面以图 1-1 所示的 6～10kV 线路的过电流保护接线原理图为例，说明这种接线图的特点。

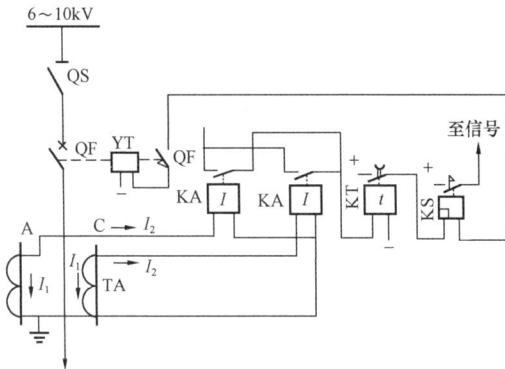

图 1-1   6～10kV 线路过电流保护接线原理图

由图 1-1 可见，电流继电器 KA 经电流互感器 TA 的二次绕组接入系统的 A、C 相线路。当 A 相或 C 相发生短路时，电流互感器一次绕组流过短路电流 I_1，其二次绕组感应出的 I_2 流经电流继电器 KA 线圈，KA 启动，其动合触点闭合，将直流操作电源正母线经时间继电器 KT 线圈接至负母线，KT 启动，经一定时限后其延时动合触点闭合，正电源经 KT 触点、信号继电器 KS 的线圈、断路器的动合辅助触点 QF 以及断路器的跳闸线圈 YT 接至负电源。信号继电器 KS 和断路器 QF 同时启动，使断路器跳闸，并经信号继电器 KS 的动合触点发出信号。

二次接线原理图表明继电保护和自动装置的工作原理和构成的设备，没有标明具体的接线端子和回路编号，因此只有原理接线图是不能用于施工的，而在现场工作中接线展开图应用最广泛。

第三节 二次接线展开图

二次接线展开图是根据接线原理图绘制的。接线展开图是将二次设备按其线圈和触点的接线回路展开分别画出，组成多个独立回路，它是安装、调试和检修的重要技术图纸，也是绘制接线安装图的主要依据。

接线展开图的特点如下：

（1）按不同电源回路划分成多个独立回路。例如，交流回路又可分为电流回路和电压回路，是按 A、B、C、N 相序分行排列的。直流回路又可分为控制回路、合闸回路、测量回路、保护回路和信号回路等。在这些回路中，各继电器（装置）的动作顺序是自上而下、自左至右排列的。

（2）在图形的上方有对应的文字说明（回路名称、用途等），便于读图和分析。

（3）各导线、端子都有统一规定的回路编号和标号，便于分类查线、施工和维修。

下面以 6～10kV 线路过电流保护为例说明接线展开图的特点。

图 1-2 是根据图 1-1 所示的接线原理图绘制的相应接线展开图，分析如下：

（1）图中右侧为与二次接线有关的一次接线图，左侧为

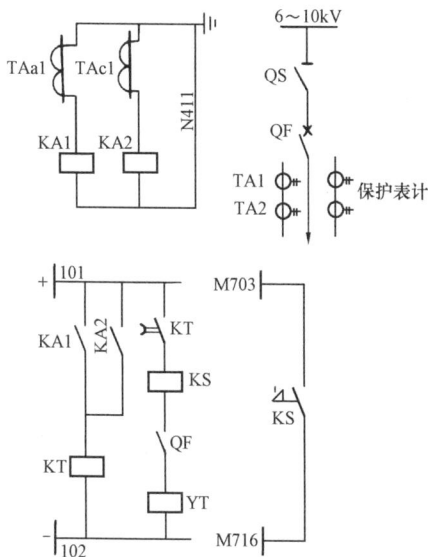

图 1-2 6～10kV 线路过电流保护二次接线展开图

保护回路展开图；上为交流回路，下为直流操作回路和信号回路。

（2）在交流回路中，电流互感器 TA1 的二次绕组为该回路的电源，在 A、C 相各接入一只电流继电器线圈 KA1、KA2，由公共线 N411 连成交流回路，构成不完全星形接线。

（3）在直流回路中，正电源在上，负电源在下，其回路分别用 101 和 102 标出。左列上端为电流继电器的动合触点 KA1、KA2，两者并接启动下端的时间继电器 KT 的线圈。第二列为断路器跳闸回路。第三列是信号回路，M703、M716 为"掉牌未复归"光字牌小母线。

（4）整套保护装置动作分析如下：当线路发生短路时，

电流互感器 TA1 的一次侧有短路电流 I_1 流过，其二次侧绕组流过相应电流 I_2，电流继电器 KA1 或 KA2 动作。在直流回路中，短路相电流继电器 KA1 或 KA2 的动合触点闭合，接通时间继电器 KT 的线圈回路，KT 延时闭合的动合触点经一定时限后闭合，接通断路器跳闸回路（断路器动合辅助触点在断路器 QF 合闸时是闭合的），断路器跳闸线圈 YT 和信号继电器 KS 线圈中有电流流过，使断路器跳闸，切断故障线路，同时信号继电器 KS 动作发出信号并掉牌。在信号回路中的带自保持的动合触点闭合，光字牌点亮，显示"掉牌未复归"灯光信号。

比较图 1-1 和图 1-2 可见，展开图所示接线关系清晰，动作顺序层次分明，便于读图和分析。但现场安装施工需更具体的二次接线安装图。

第四节　二　次　接　线　安　装　图

二次接线安装图是控制、保护等屏（台）制造厂生产加工和现场安装施工用的图纸，也是运行试验、检修等的主要参考图纸，是根据接线展开图绘制的。接线安装图包括屏面布置图、屏背面接线图和端子排图等，简单介绍如下。

1. 屏面布置图

屏面布置图是指从屏的正面看将各安装设备和仪表的实际安装位置按比例画出的正视图，它是屏背面接线图的依据。

2. 屏背面接线图

屏背面接线图是指从屏的背面看的、表明屏内设备在屏背面的引出端子之间连接情况以及端子与端子排之间连接关系的图。屏背面接线图是以屏面布置图为基础，以接线展开图为依据而绘制的接线图。

3. 端子排图

端子排图是指从屏背后看、表明屏内设备连接和屏内设备与屏外设备连接关系的图。端子排图需表明端子类型、数量以及排列顺序。

安装接线图中各种设备、仪表、继电器、开关、指示灯等元器件以及连接导线，都是按照其实际位置和连接关系绘制的，为了施工和运行检修的方便，所有设备的端子和连线都按"相对编号法"的原则标注编号。详细内容在第十一章中叙述。

安装接线图是最具体、最详细的施工图，是照图施工（接线）的工程图。

第二章

互感器及其接线

对于高电压和大电流的电气参数，必须经过互感器的变换，将其变成低电压和小电流的参数方可接入测量仪表和监察保护装置。在发电厂和变电所中应用最广的变换设备是电流互感器（TA）和电压互感器（TV），它们的工作原理与变压器相似。

互感器的作用和功能主要有以下几点：

（1）将一次系统的高电压和大电流变为易于测量的低电压和小电流，并且规定为标准数值，即额定电压为 100V 和额定电流为 5、1 或 0.5A。这样，可使测量仪表和保护控制装置标准化、小型化。

（2）将电气二次设备与一次设备相隔离，既保证了设备和人身的安全，又使接线灵活、安装方便，维修时不必中断一次设备的运行。

（3）系统运行参数由互感器二次侧采集，易于实现微机监控和远方操作，便于集中控制。

第一节　电流互感器及其接线

电流互感器（TA）是一种变流装置，其结构原理与变压器相似，由铁芯、一次绕组和二次绕组构成。一次绕组直接串接于系统线路中，流过负荷电流；二次绕组串接各种测量表计或保护装置的电流线圈，负载阻抗很小，接近于短路状态，二次绕组中的电流（在一次绕组流过额定电流时）应为5A。

一、电流互感器的基本参数

1. 电流互感器的变比

电流互感器一次绕组串接于一次系统电路中，绕组匝数 N_1 较少（多为单线，即1匝），流过大的负荷电流 I_1，其导线粗，阻抗小。电流互感器二次绕组匝数为 N_2，当一次负荷电流为额定 I_{1N} 时，二次绕组流过电流为 I_{2N}，则电流互感器的变比 $n_{TA}=I_{1N}/I_{2N}=N_2/N_1$，即电流互感器的变比为一、二次侧电流之比，也等于一、二次绕组匝数的反比。

为适应不同负荷电流测量的需要，电流互感器的变比通常设计为 30/5、50/5、100/5、150/5、300/5、…，300MW 发电机电流互感器的变比为 12000/5。

2. 电流互感器的极性

电流互感器一、二次绕组标有同一符号的两端子称为同名端或同极性端。由同名端两端子同时注入电流时，铁芯中所产生的磁通是相互增强的，所以同名端表示的是在某一瞬间能同时达到最高或最低电位的两端子，用"*"或"·"表示。我国规定同名端按减极性法原则标注，如图 2-1 所示，一次电流 I_1 由 L1 端流入，从 L2 端流出；二次感应电

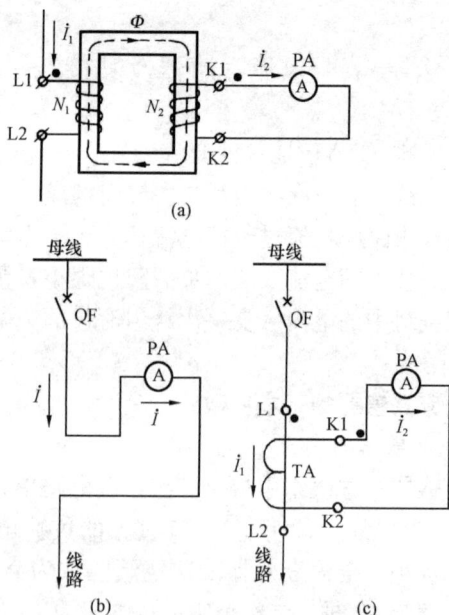

图 2-1 单相电流互感器接线原理图

(a) 原理图；(b) 电流表直接接入；(c) 电流表经互感器接入

流 I_2 从 K2 端流入，从 K1 端流出。即在一、二次绕组中电流的正方向是相反的，铁芯中的感应磁通是相减（方向相反）的。

按减极性原则标注同名端的优点是，电流互感器的外特性与原系统相同，从外观上看就像是直接通过的，比较直观。

3. 电流互感器的精度

电流互感器的精度（准确度）是指其在 100% 额定二次负荷情况下的百分比误差。0.1% 误差即为 0.1 级；0.5% 误差即为 0.5 级。电力系统常用电流互感器的精度有 0.1、0.2、0.5、1.0、2.5 级和 5 级等。

用于测量的电流互感器的精度应不低于 0.5 级，而所配仪表精度应不低于 1.0 级。

二次负荷过低或过高都会影响电流互感器的测量精度。

二、电流互感器的接线方式

电流互感器的接线方式随测量仪表、继电保护和自动装置的需要而定。常见的电流互感器接线方式有三相星形接线、两相不完全星形接线、两相三继电器接线、三相零序接线等。

1. 三相星形接线

电流互感器三相星形接线如图 2-2 所示。在三相电路中各接入一只电流互感器，可用于负荷平衡和不平衡的电路，对单相接地、两相接地和三相接地情况都能满足要求，适用于中性点直接接地系统的线路电流保护及变压器的电流保护。

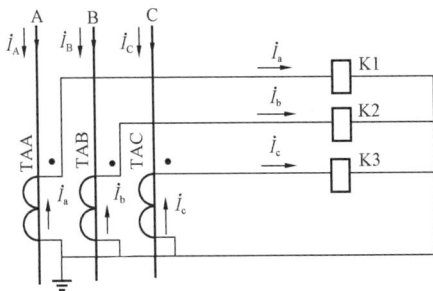

图 2-2 电流互感器三相星形接线

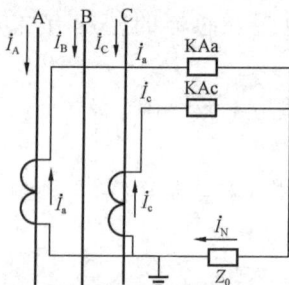

图 2-3　电流互感器两相
不完全星形接线

2. 两相不完全星形接线

电流互感器两相不完全星形接线如图 2-3 所示。在 A、C 两相电路中各接入一只电流互感器和电流继电器，当 A、C 相接地时，则继电器会动作；而 B 相发生接地时，继电器不会动作。这种接线方式可测量三相不平衡电流，常用于三相三线制中性点不接地系统中，可用作相间保护和电流的测量。

3. 两相三继电器接线

电流互感器两相三继电器接线方式又称两相星形接线方式，如图 2-4 所示。当发生三相短路或 A、C 两相短路时，均有两只继电器动作，较两相不完全星形接线的可靠性更高，但不能反应 B 相接地故障，适用于中性点不直接接地系统。

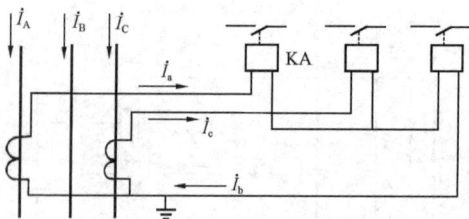

图 2-4　两相三继电器接线

4. 三相零序接线

电流互感器三相零序接线如图 2-5 所示。三只同型号的电流互感器并联接入仪表或继电器，流入仪表的电流等于三相电流之和（它反映的是零序电流之和），因此专用于零序保护。

5. 零序电流互感器接线

图 2-6 所示为专用的零序电流互感器原理接线。在一圆形铁芯中通过三相导线，二次绕组绕在铁芯上。正常情况下，三相负荷对称，铁芯中无磁通产生，二次绕组中无电流。

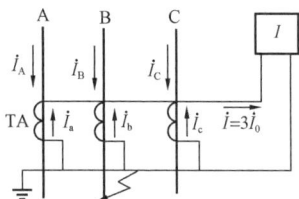

图 2-5 三相零序接线

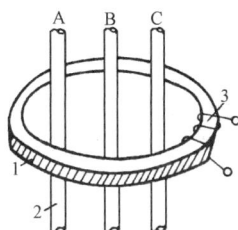

图 2-6 零序电流
互感器原理接线
1—铁芯；2—一次绕组；
3—二次绕组

当系统发生单相接地短路时，三相电流之和不再为零，有 3 倍零序电流出现，铁芯中出现零序磁通，则在二次绕组中有感应电动势产生。若接至过电压继电器，则继电器动作，发出单相接地报警信号。

三、电流互感器的接线要求

为使电流互感器安全、准确地工作，其二次绕组的接线应符合一定的要求。

（1）电流互感器二次回路应有一个接地点，以防当一、二次绕组绝缘击穿时危及设备及人身安全。但不允许有多个接地点，且接地点应尽量靠近互感器。

（2）电流互感器二次绕组不准开路，且二次回路中不准装熔断器。

（3）测量仪表和保护装置不能接在同一个二次绕组上。

（4）电流互感器与电压互感器不能互相连接，否则，电流互感器相当于开路，而电压互感器相当于短路，危及设备和人身安全。

第二节　电压互感器及其接线

电压互感器有两种类型：35kV 及以下电压等级的电压互感器实质上是一种小型降压变压器，其一次绕组并接入电力系统母线，二次绕组并接着各种测量仪表、保护装置等的电压线圈；在 110kV 及以上中性点直接接地的系统中，常采用由电容器串联组成的电容分压式电压互感器，电容器串接于高压母线与地之间，而在临近接地的一个电容器两端并接入一只通用小型电压互感器。对于这两种电压互感器，当一次侧接入额定电压的母线或线路时，其二次绕组的输出电压都为额定值。由于电压互感器二次绕组接入的都是阻抗很大的电压线圈，所以电压互感器近似运行于断路（空载）状态。

一、电压互感器的基本参数

1. 电压互感器的变比

电压互感器的一次绕组匝数为 N_1，直接并接于系统母线上，其电压为系统电压 U_{1N}；二次绕组匝数为 N_2，额定电压为 U_{2N}。电压互感器的变比 $n_{TV}=U_{1N}/U_{2N}=N_1/N_2$，即电压互感器的变比为一、二次侧额定电压之比，也等于一、二次绕组的匝数比。

为适应电力系统不同电压等级的需要，电压互感器的变比通常设有 3000/100、6000/100、35000/100、110000/100、220000/100、500000/100 等。根据一次系统的电压等级，可选择合适的电压互感器。

2. 电压互感器的极性

单相和三相电压互感器都采用减极性接法，其外特性与其直接接入的电路相同。

二、电压互感器的接线方式

电压互感器在电路中是测量仪表、继电保护及自动装置的电压源，按不同的用途和所接系统，常见的接线方式有如下几种。

1. 一只单相电压互感器接于相间

图 2-7 所示为一只单相电压互感器接于 A、B 两相间，其二次绕组上有一个接地点，以防一、二次绕组击穿时危及设备和人身安全，但二次绕组接地极不装熔断器。此接线只能测量线电压、频率或接单相元件的仪表。

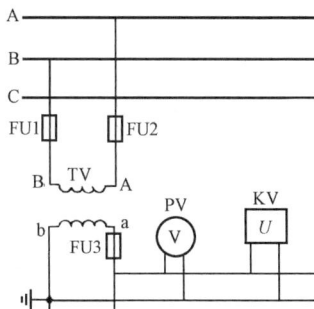

图 2-7　单相电压互感器接于相间

2. 两只单相电压互感器的 Vv 接法

图 2-8 所示为两只电压互感器的 Vv 接法，其特点是：①用两只单相电压互感器即可取得对称的三相电压；②此接线不能测量相电压，而只能测相间电压。

3. 三只单相电压互感器星形接线

图 2-9 所示为三只单相电压互感器接成星形（Yyn），又称三相三柱式电压互感器，一般用于中性点不接地或经消

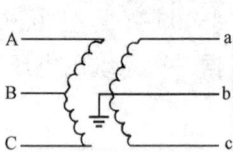

图 2-8 两只单相电压
互感器的 V-v 接法

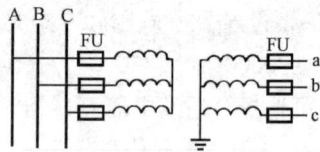

图 2-9 三只单相
电压互感器 Yyn 接线

弧线圈接地的小接地电流系统中。如果电压互感器一次绕组
中性点也接地，则成为 YNyn 接线，如图 2-10 所示。电压
互感器的一次绕组和二次绕组的中性点是直接接地的，并从
二次绕组的中性点引出接入相电压的中性线。

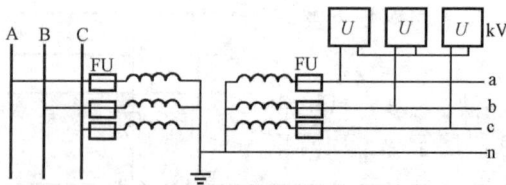

图 2-10 三只电压互感器的 YNyn 接线

4．三相五柱式电压互感器

图 2-11 所示是三相五柱式电压互感器的接线方式，其
特点是有三组绕组。其中一次绕组为星形接线，接到一次回
路中；二次侧有两个绕组，即基本二次绕组和辅助二次绕
组。基本二次绕组为星形接线，接测量仪表；辅助二次绕组
为开口三角形接线，开口处接零序过电压继电器，专用于小
接地电流系统绝缘监察装置。

5．电容式电压互感器

电容式电压互感器由电容分压器（包括主电容器 C_1、
分压电容器 C_2）、中间变压器 T、补偿电抗器 L、保护装置
F 及阻尼器 D 等元件组成。它利用电容分压器将输电电压

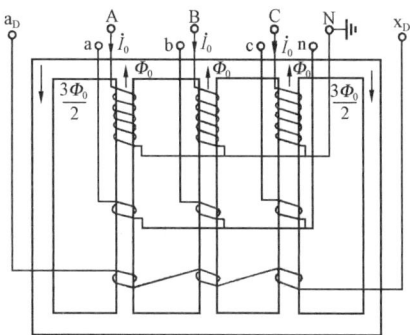

图 2-11　三相五柱式电压互感器接线方式

降到中压（10～20kV），再经过中间变压器降压到 100V 或 100/$\sqrt{3}$V，供给计量 仪表和继电保护装置。

电容式电压互感器造价低（110kV 及以上产品），可兼顾电压互感器和电力线路载波耦合装置中的耦合电容器两种设备的功能，同时在实际应用中又能可靠阻尼铁磁谐振，具备优良的瞬变响应特性等优点。因此近几年在电力系统中的应用日益广泛，不仅在变电站的线路出口上使用，而且还大量应用在母线上代替电磁式电压互感器。

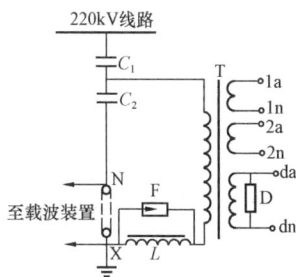

图 2-12　电容式电压
互感器接线

C_1—高压电容；C_2—中压电容；T—中压变压器；L—补偿电抗器；F—保护装置；D—阻尼器；1a1n—主二次绕组 1 号；2a2n—主二次绕组 2 号；dadn—剩余电压绕组

三、电压互感器的接线要求

为保证设备及人身安全，电压互感器的接线应符合一定的要求。

（1）电压互感器二次侧不允许短路。由于电压互感器正常运行时接近空载，如果二次侧短路，电流会很大，进而烧坏设备，甚至影响一次电路的安全运行，所以电压互感器一、二次侧都应装设熔断器。

（2）电压互感器铁芯及二次绕组必须可靠接地。电压互感器铁芯及二次绕组接地的目的是为了防止一、二次绕组绝缘被击穿时，一次侧的高电压窜入二次侧，危及工作人员人身和二次设备的安全。

第三节　电压互感器实用接线分析

在发电厂和变电所中，作为测量和保护用的电压互感器的接线通常有两种方式，即 b 相接地和中性点接地，分述如下。

一、b相接地的电压互感器接线

图 2-13 所示是 35kV 母线电压互感器二次侧 b 相接地的展开接线图。b 相接地可简化系统接线，是发电厂和变电所应用较广的一种方式。

图 2-13 中，TVA、TVB、TVC 为电压互感器的一次绕组，TVa、TVb、TVc 为基本二次绕组，TV'a、TV'b、TV'c 为辅助二次绕组；FU1～FU3 为熔断器，用以保护二次绕组的安全；F 为击穿保护间隙，KVⅠ 为绝缘监察继电器；QS1 为隔离开关，QS1' 为隔离开关的辅助触点。其接线原理简析如下：

（1）b 相接地点的设置。接地点设在端子箱内 FU2 熔断器后 m 点，若设在 FU2 之前 n 点，则当中性线 N630 发

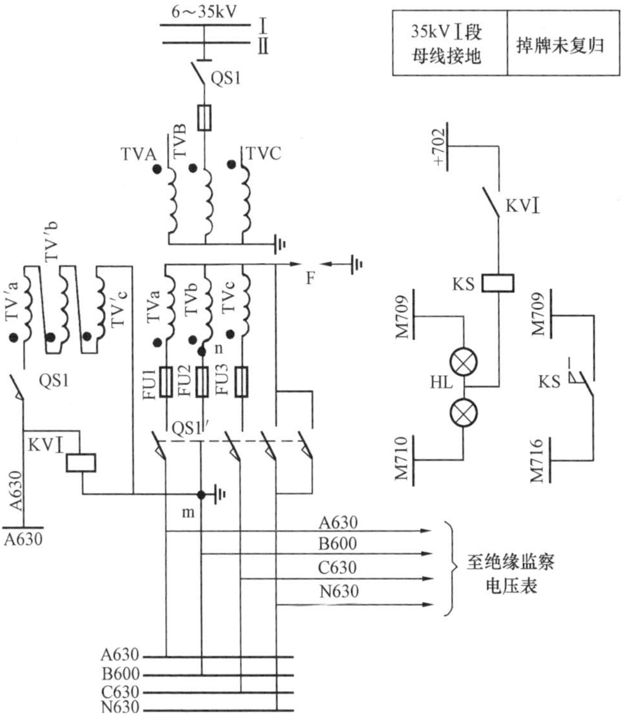

图 2-13　35kV 母线 b 相接地的电压互感器展开接线图

生接地故障时，将短路 b 相绕组而无熔断器保护。但在 m 点接地也有缺点：一旦 FU2 熔断，则电压互感器二次侧将失去保护接地点，在这种情况下，当高低压绝缘破坏有高电压侵入时将危及设备和人身安全。因此，在 m 点接地的情况下，又在中性点增加了击穿保护间隙 F 接地。击穿保护间隙 F 是一个放电间隙，当电压超过一定数值后（间隙可调），间隙被击穿而导通，起保护接地作用。

（2）隔离开关辅助触点 QS1′的作用。电压互感器二次侧绕组出线，除 b 相直接接地外，其他各出线端都经互感器本身的隔离开关辅助触点 QS1'引出。这样，当电压互感器停电检修时，在打开隔离开关的同时，二次接线也自动断开，防止由二次侧向一次侧反馈电压，造成人身和设备事故。中性线采用两对辅助触点 QS1'并联，是因为隔离开关的辅助触点在现场常出现接触不良的现象，而中性线又有接触不良难以发现的现象，用双触点并联可以增加其可靠性。

（3）开口三角形辅助绕组回路不装设熔断器。在 TV'a、TV'b、TV'c 回路中，正常运行时三相电压对称，三角形开口处电压为零，因此引出端子上没有电压，不需要装设熔断器。当系统发生接地故障时，有 3 倍零序电压出现，也不会使熔断器熔断，因此也不需要装设熔断器。反之，若熔断器熔断而未被发现，则在发生接地故障时将会影响绝缘监察继电器 KVI 的正确动作，所以此处一般不装熔断器。

（4）电压互感器接线的工作原理。当一次系统发生接地故障时，在 TV 二次侧开口三角形绕组回路中出现零序电压，当其值超过绝缘监察继电器 KVI 的动作值时，继电器动作，其动合触点闭合，同时接通光字牌 HL 和信号继电器 KS；光字牌显示"35kVI 段母线接地"字样，并发出音响信号；KS 动作后掉牌落下，并发出"掉牌未复归"灯光信号。可利用接于小母线的三只绝缘监察电压表来判断哪一相接地，如为金属性接地，则接地相的电压下降为零，而非接地相的电压升高 $\sqrt{3}$ 倍。

二、中性点接地的电压互感器接线

图 2-14 所示是 110kV 母线电压互感器二次侧中性点接地的接线，也是应用较广的一种接线方式。其特点分析如下：

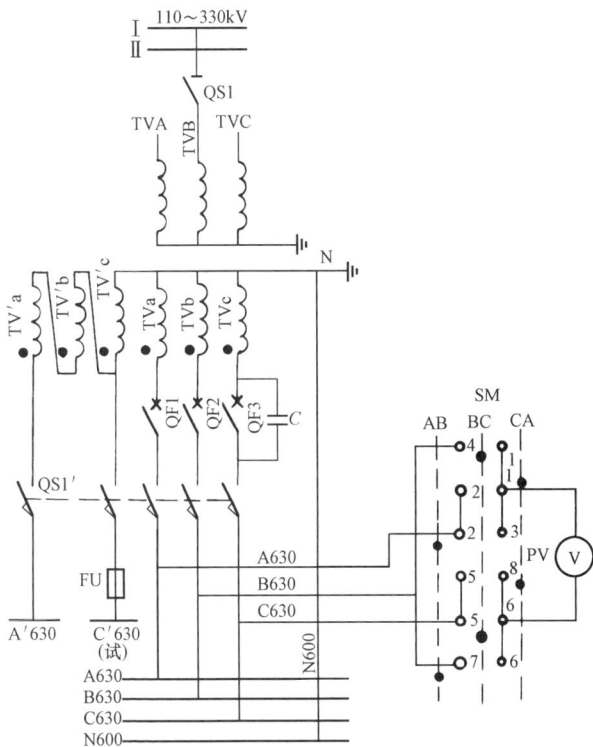

图 2-14 电压互感器二次侧中性点接地的接线

（1）该接线适用于 110kV 及以上电压系统。110kV 及以上电压的线路都装有距离保护装置，为确保距离保护中的电压回路断线闭锁装置能可靠动作，电压互感器二次侧中性点引出线不宜经任何开关、触点切换，因此一般对 110kV 及以上的电压互感器多采用中性点直接接地方式。

（2）用快速自动开关代替熔断器。为了确保在电压互感器二次回路较远处发生短路时，也能迅速将故障相断开，使断线闭锁装置能快速而可靠地闭锁距离保护，通常用快速自动开关代替熔断器。

（3）并入电容器作为事故电源。为防止三相同时断线时，断线闭锁装置因失去电源而拒绝动作，可在某一相上并联一只电容器 C，当发生事故失电时可以向断线闭锁装置放电而提供不对称电源。

（4）设置 $3U_0$ 小母线。由于 110kV 及以上电力系统中性点直接接地，线路上装有零序方向保护，功率方向元件需要接 $3U_0$ 电压，因而设 $3U_0$ 电压小母线 $A'630$。

（5）不设绝缘监察装置。因为中性点直接接地，故无需设绝缘监察装置。

（6）开口三角形绕组 TV' 的末端引出试验小母线 $C'630$（试），以检验零序功率方向元件接线的正确性。

（7）母线电压表 PV 经转换开关 SM 切换，可用一只电压表测量 U_{AB}、U_{BC} 和 U_{CA} 三种线电压。

第三章

断路器及其控制

第一节 断　路　器

一、断路器概述

断路器是电力系统中最重要的开关设备，在正常运行时断路器可以接通和切断电气设备的负荷电流，在系统发生故障时则能可靠地切断短路电流。

断路器一般由动触头、静触头、灭弧装置、操动机构及绝缘支架等构成。为实现断路器的自动控制，在操动机构中还有与断路器的传动轴联动的辅助触头。

目前电力系统中常见的有以下几种：

（1）少油断路器。少油断路器是目前发电厂和变电所应用最普遍的断路器，它用油少、体积小。少油断路器的绝缘油只用作灭弧介质和触头开断后的弧隙绝缘介质；其铁质油箱外壳一般为红色，表示带电危险；其对地绝缘由瓷介质支柱来实现。

（2）多油断路器。多油断路器的触头浸在装满绝缘油的钢桶内，绝缘油除作为灭弧介质及触头开断后的弧隙绝缘介质外，还作为带电部分与接地外壳之间的绝缘介质。其钢桶外壳为灰色标志，表示壳体不带电。

多油断路器体积大、用油多，新建发电厂、变电所中已不再采用。

（3）空气断路器。空气断路器以高压空气作为灭弧介质和触头断开后弧隙的绝缘介质，高压空气还兼作操动机构的动力源。空气断路器不用绝缘油，所以其动作快、断流容量大、性能稳定、检修周期长且无火灾危险，但其结构复杂，需配用一套空气压缩装置。

（4）真空断路器。真空断路器是将触头置于密闭真空容器中，利用真空作为绝缘和灭弧介质。真空断路器体积小、质量小、性能稳定、"免维护"，目前生产的真空断路器主要用于 DN35kV 电压等级中。

（5）六氟化硫（SF_6）断路器。六氟化硫断路器是利用不燃气体 SF_6 作为灭弧和绝缘介质的新型断路器。SF_6 气体绝缘性能好，灭弧能力强（约是空气的 100 倍），有良好的冷却性。此种断路器断流能力大、绝缘距离小、检修周期长（有时称为免维护型），多用于户外配电装置中。

目前电力系统中使用较多的是真空断路器和六氟化硫断路器。其中 10～35kV 系统多选用真空断路器。330kV 及以上系统多选用六氟化硫断路器。

二、断路器的控制方式

1. 按控制地点分

断路器的控制方式按控制地点可分为集中控制和就地（分散）控制两种。

（1）集中控制。在主控制室的控制台上，用控制开关或按钮通过控制电缆去接通或断开断路器的跳、合闸线圈，对断路器进行控制。一般对发电机、主变压器、母线、断路器、厂用变压器、35kV 以上电压线路等主要设备都采用集中控制。

（2）就地（分散）控制。在断路器安装地点（配电现场）就地对断路器进行跳、合闸操作（可电动或手动）。一般对 10kV 线路以及厂用电动机等采用就地控制，可大大减少主控制室的占地面积和控制电缆数。

2. 按控制电源电压分

断路器的控制方式按控制电源电压分为强电控制和弱电控制两种。

（1）强电控制。从断路器的控制开关到其操动机构的工作电压均为直流 110V 或 220V。

（2）弱电控制。控制开关的工作电压是弱电（直流 48V），而断路器的操动机构的电压是 220V。在 500kV 变电所二次设备分散布置时，在主控室常采用弱电一对一控制。

3. 按控制电源的性质分

断路器的控制方式按控制电源的性质可分为直流操作和交流操作（包括整流操作）两种。

直流操作一般采用蓄电池组供电；交流操作一般是由电流互感器、电压互感器或所用变压器提供电源。

三、断路器的操动机构

断路器的操动机构是用来进行合闸、跳闸和维持其闭合状态的传动装置，设置于断路器近旁的操作箱内。

1. 操动机构的组成

断路器的操动机构由合闸机构、分闸机构和维持机构组成。

（1）合闸机构。合闸机构由合闸电磁铁及传动机构组成，电磁铁使断路器操动机构储能，以完成合闸动作。

（2）分闸机构。分闸机构由分闸电磁铁及脱扣机构组成，使断路器在跳闸弹簧作用下跳闸。

（3）维持机构。维持机构使断路器保持在合闸状态。

2. 操动机构的分类

断路器操动机构按合闸的动力来源不同可分为以下几种：

（1）手动操动机构。这种操动机构结构简单，不需要专门的操作动力，但关合速度受操作人的影响较大，关合能力低，不能遥控，也不够安全，只能用于12kV以下短路容量很小的场合。随着系统容量的增大，手动操动机构大都已经被淘汰。

（2）电磁操动机构。靠电磁力合闸的操动机构，其优点是机构简单、工作可靠、制造成本低，缺点是合闸线圈消耗功率较大、需价格昂贵的蓄电池、合闸电流较大、结构较笨重、动作时间较长，正逐步被取代。

（3）弹簧操动机构。以储能的弹簧为动力使开关实现分、合闸动作。它可采用人力或小功率、直流电动机来驱动，因而合闸基本不受外界因素的影响，既能获得较高的合闸速度，又能实现快速自动重合闸操作。与电磁操动机构相比，弹簧操动机构成本低，价格便宜，是真空断路器中最常用的一种操动机构。它的缺点是机构较为复杂，故障率较高，运动部件较多，制造工艺要求较高。

（4）液压操动机构。液压操动机构以气体储能，以高压油推动活塞动作。它的功率大、动作快、冲击力小、动作平稳、能快速自动重合闸。但其结构复杂、密封加工工艺要求高、价格较高。液压操动机构适用于110kV以上的电压等级的断路器，特别是超高压断路器。

（5）气动操动机构。气动操动机构以高压压缩空气为动力进行分、合闸操作。它的功率大、动作快、可快速自动重合闸。但其结构复杂、密封加工工艺要求高、操作噪声大，需增加空气压缩设备。

（6）永磁操动机构。磁操动机构的结构简单，零件数量少，开断能力强，无需机械锁扣和辅助电器，因此机械动作的可靠性安全性高，能够实现免维护。

第二节　断路器的基本控制回路

在发电厂和变电所中有多种成熟的基本控制回路，这些典型接线可以独立运行，也可互相组合构成更复杂的控制回路。

一、断路器的基本跳、合闸控制回路

断路器基本跳、合闸回路如图 3-1 所示，其工作原理简述如下。

（1）合闸操作。手动合闸是将控制开关 SA 打至"合闸"位置，此时 5-8 触点瞬时接通，而断路器在跳闸位置时其动断触点 QF2 是接通的，所以合闸接触器 KM 线圈通电启动，其动合触点接通，断路器合闸线圈 YC 通电启动，断路器合闸。当合闸操作完成后，断路器的动断辅助触点 QF2 断开，合闸接触器 KM 线圈断电，在合闸回路中的两个动合触点断开，切断断路器合闸线圈 YC 的电路；同时，断路器动合触点 QF1 接通，准备好跳闸回路。

断路器的自动合闸是由自动重合闸装置的出口触点 K1 闭合实现的。

（2）跳闸操作。手动跳闸是将控制开关 SA 打至"跳

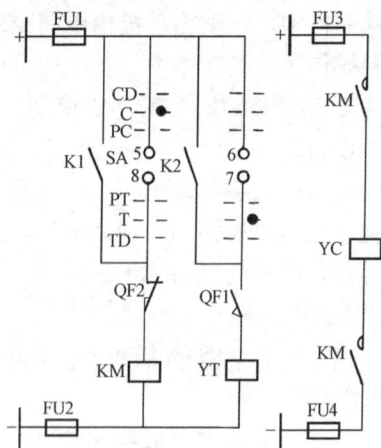

图 3-1　断路器基本跳、合闸回路

闸"位置，此时 6-7 触点接通，而断路器在合闸位置时其动合触点 QF1 是接通的，所以跳闸线圈 YT 通电，断路器进行跳闸。当跳闸操作完成后，断路器的动合触点 QF1 断开，而动断触点 QF2 接通，准备好合闸回路。

断路器的自动跳闸是由保护装置出口继电器 K2 触点闭合来实现的。

二、断路器的防跳（跳跃闭锁）控制回路

1. 断路器的"跳跃"现象及其危害

如果手动合闸后控制开关 SA 的手柄尚未松开（5-8 触点仍在接通状态）或者自动重合闸装置的出口触点 K1 烧结，若此时发生故障，则保护装置动作，其出口触点 K2 闭合，跳闸线圈 YT 通电启动使断路器跳闸，则 QF2 接通，使接触器 KM 又带电，使断路器再次合闸，保护装置又动作使断路器又跳闸……，断路器的这种多次"跳—合"现象称为"跳跃"。如果断路器发生"跳跃",势必造成绝缘下降、油温上升,严重时会引起断路器发生爆炸事故,危及设备和人身安全。

2. 断路器的"防跳"控制回路

在 35kV 及以上电压的断路器控制回路中,通常加装防跳中间继电器 KCF,如图 3-2 所示。KCF 常采用 DZB 型中间继电器,它有两个线圈:电流启动线圈 KCF1,串接于跳闸回路中;电压(自保持)线圈 KCF2,

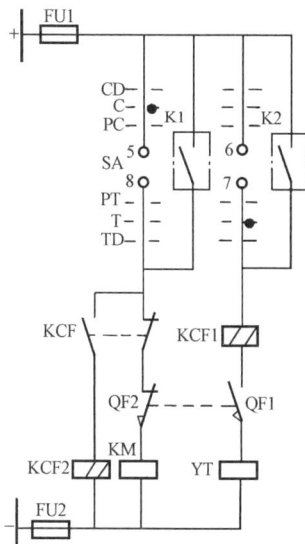

图 3-2 由防跳继电器构成的断路器控制回路

与自身的动合触点串联,再并接于合闸接触器 KM 的回路中。

手动合闸时 SA 的 5-8 触点尚未断开或自动装置 K1 触点烧结,若此时发生故障,则继电保护装置动作,K2 触点闭合,经 KCF1 的电流线圈、断路器动合触点 QF1,跳闸线圈通电启动,使断路器跳闸。同时,KCF1 电流线圈启动,其动合触点闭合,使其经电压线圈 KCF2 自保持,而 KCF 的动断触点断开,可靠地切断 KM 线圈回路,即使 SA 的 5-8 触点接通,KM 也不会通电,防止了断路器跳跃现象的发生。只有合闸命令解除(SA 的 5-8 触点断开或 K1 断开),KCF2 电压线圈断电,才能恢复至正常状态。

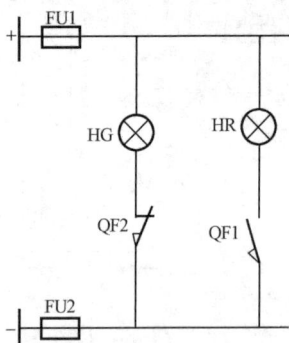

图 3-3 断路器的双灯制
位置指示接线

三、断路器的位置指示

断路器的跳、合闸状态在主控制室应有明确的指示信号，一般有双灯制（红、绿灯）和单灯制（白灯）两种接线方式。

（1）双灯制控制接线。断路器的双灯制位置指示接线如图 3-3 所示。当断路器在跳闸位置时，其动断触点 QF2 接通，绿灯（HG）亮；当断路器在合闸位置时，其动合触点 QF1 接通，红灯（HR）亮。红灯（HR）亮表示断路器在合闸状态，绿灯（HG）亮表示断路器在跳闸状态。

（2）单灯制控制接线。单灯制用灯光和控制开关手柄位置来表示断路器手动跳、合闸位置。

四、断路器自动跳、合闸的信号回路

断路器由自动装置驱动进行跳、合闸时，信号灯是闪光的，与手动跳、合闸时信号灯是平光的有所区别，具体分析如下。

（一）双灯制断路器的跳、合闸信号回路

图 3-4 所示是断路器跳、合闸双灯制信号回路接线，其动作原理简析如下。

1. 断路器跳闸信号

（1）手动跳闸。SA 置"跳闸后"位置时，其触点 10-11 通，绿灯 HG 经 QF 动断触点 QF2 发平光，表示断路器手动跳闸。

（2）自动跳闸。SA 在"合闸后"位置时，其 9-10 触点

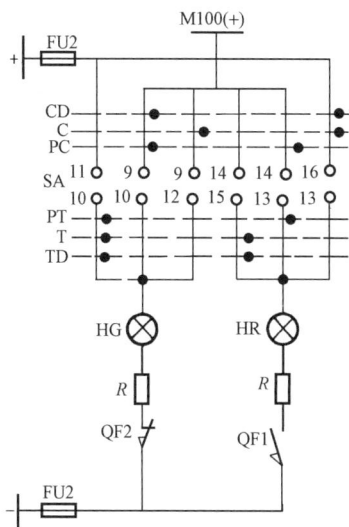

图 3-4　断路器跳、合闸双灯
制信号回路接线

通，此时若发生故障，自动装置动作使断路器自动跳闸，动断触点 QF2 自动接通，绿灯 HG 经 SA 的 9-10 触点接至闪光小母线 M100（＋），则绿灯闪光，表示断路器自动跳闸。

（3）绿灯闪光解除。值班人员将 SA 打至"跳闸后"位置，其触点 10-11 接通，9-10 断开，绿灯接至"＋"电源小母线，所以绿灯又发平光，闪光解除。

2. 断路器合闸信号

（1）手动合闸。SA 置"合闸后"位置时，其触点 13-16 接通，红灯 HR 经动合触点 QF1 发平光，表示断路器手动合闸。

（2）自动合闸。断路器在"跳闸后"位置时，SA 的

14-15 触点通，此时若自动装置动作使断路器自动合闸，则 QF 的动合触点 QF1 自动接通，红灯 HR 经 SA 的 14-15 触点接至闪光小母线 M100（＋），则红灯 HR 闪光，表示断路器自动合闸。

（3）红灯闪光解除。值班人员将 SA 打至"合闸后"位置，其触点 16-13 接通，14-15 断开，红灯接至"＋"电源小母线，所以红灯又发平光，闪光解除。

3. 事故音响信号启动回路

断路器自动跳、合闸后，不仅指示灯要发出闪光，而且还要求发出事故音响信号（蜂鸣器 HA）。事故音响信号是利用不对应原则实现的，全厂共用一套音响装置，参见第四章图 4-1、图 4-2 等所示接线。

（1）事故音响信号发出时间。在电力系统发生的故障中，暂时性故障占 70％以上，所以规定断路器因系统故障而自动跳闸后，应自动（或手动）重合闸一次，以判断故障的性质。如为暂时性故障（风吹树枝、竹竿碰线、鸟害等），故障很快消除，则重合闸会成功；如为永久性故障（如线路断线、杆塔倒地等），故障不会自动消除，当重合于故障线路上时，则断路器在保护装置的作用下即刻跳开，并发出音响。

（2）手动重合闸的要求。在事故发生后，若需手动重合闸，则控制开关由原"合闸后"先打至水平位，然后打至"预备合闸"、"合闸"、"合闸后"。由于断路器已跳闸，为使控制开关在转到"预备合闸"和"合闸"位置瞬间，不会因断路器触点与控制开关触点接通而误发事故音响信号，使值班人员难辨真假，需在接线中采用只有在"合闸后"位置才接通的触点，而在表 3-2 中找不到这样的触点，所以采用

1-3与19-17两对触点串接的方法来实现只在"合闸后"才接通的要求。

（3）用不对应原则启动事故音响回路。图 3-5 所示为事故音响信号启动回路，由图可见，要接通 M708 至－700 回路，SA 的 1-3 与 19-17 触点需与 QF 动断触点同时接通。SA 的 1-3 与 19-17 触点在"合闸后"通，而动断触点 QF 在跳闸后才闭合，这样利用控制开关 SA 的位置与断路器（辅助触点）位置不对应接通事故音响信号的原则，就叫不对应原则。灯光信号也存在这样的问题，在合闸操作过程中，由于不对应原则使信号灯闪光。因为，在图 3-4 所示回路中，原 SA 在"合闸后"位置，9-10 触点接通；当断路器自动跳闸后，其动断触点闭合，绿灯 HG 经 SA 的 9-10 接至 M100（＋），所以闪绿光。此时手动 SA，置"预备跳闸"—绿灯平光、"预备合闸"—绿灯闪光、"合闸"—绿灯仍闪光、"合闸后"瞬间绿灯仍闪光，直至断路器合闸完成，同时其辅助触点切换

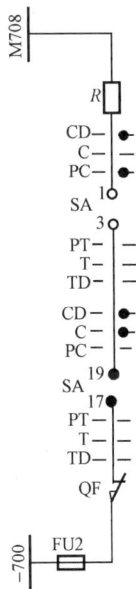

图 3-5 事故音响信号启动回路

完毕，绿灯灭，红灯经 QF 动合触点、SA 的 13-16 触点发平光，表明合闸操作过程的完成。

（二）单灯制断路器的跳、合闸信号回路

图 3-6 所示是断路器的单灯制跳、合闸信号回路接线。由图可见，此处采用的是 LW2-YZ 型控制开关，开关手柄内有一只白色信号灯。LW2-YZ-1a、4、6a、40、20、20/F1 型控制开关的触点图表见表 3-1。用跳闸位置继电器 KCT

表 3-1　LW2-YZ-1a、4、6a、40、20、20/F1 型控制开关触点图表

位置 \ 触点号	手柄位置 (F1)	灯 3│1	灯 4│2	1a 7│5	1a 8│6	4 12│9	4 11│10	6a 14│13	6a 16│13	6a 14│15	40 17│18	40 19│18	40 17│20	20 24│22	20 22│21	20 21│23	20 28│26	20 26│25	20 27│25
跳闸后		•	—	—	—	—	—	•	—	—	•	—	—	•	—	—	•	—	—
预备合闸		—	•	•	—	—	—	—	•	—	—	•	—	—	•	—	—	•	—
合闸		—	•	•	—	—	—	—	—	•	—	—	•	—	—	•	—	—	•
合闸后		—	•	—	—	—	•	—	—	•	—	—	•	—	—	•	—	—	•
预备跳闸		•	—	—	•	—	—	•	•	—	•	•	—	•	•	—	•	•	—
跳闸		•	—	—	•	—	—	•	—	—	•	—	—	•	—	—	•	—	—

注：表头各栏"手柄和触点盒型式"依次为：F1、灯、1a、4、6a、40、20、20。

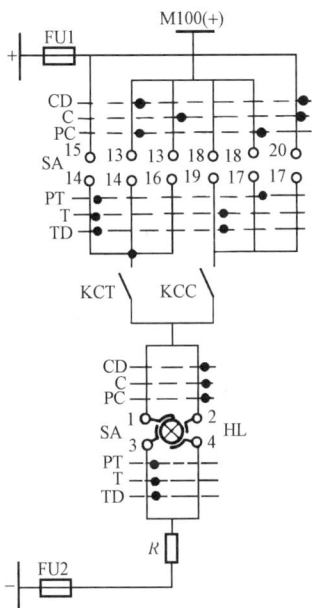

图 3-6 单灯制断路器跳、
合闸信号回路接线

的动合触点代替断路器的动断触点，用合闸位置继电器
KCC 的动合触点代替断路器的动合触点（参见图 3-8），其
动作原理分析如下。

1. 断路器的跳闸

（1）手动跳闸。控制开关 SA 置"跳闸后"位置时，其
触点 1-3 接通、14-15 接通，断路器跳闸后 KCT 动合触点闭
合，信号灯 HL 发平光，表示断路器手动跳闸。

（2）自动跳闸。断路器在"合闸后"位置时，SA 的
13-14 触点接通，2-4 接通，此时若发生故障，自动装置动
作使断路器自动跳闸，跳闸后 KCT 动合触点闭合，将信号

灯 HL 接至闪光小母线 M100（＋），所以信号灯发出闪光。

2. 断路器的合闸

（1）手动合闸。控制开关 SA 置"合闸后"位置时，其触点 2-4 和 17-20 接通，断路器合闸后，KCC 动合触点闭合，信号灯 HL 发平光，表示断路器手动合闸。

（2）自动合闸。断路器在"跳闸后"位置时，SA 的 18-19 和 1-3 触点接通，此时若自动重合闸装置动作，断路器自动合闸，KCC 动合触点闭合，将信号灯 HL 接至闪光小母线 M100（＋）上，所以信号灯发出闪光。

3. 断路器的跳、合闸位置信号

综上所述，断路器的实际位置可根据信号灯的平光、闪光及控制开关的位置来判断。

（1）信号灯发平光时：若控制开关在"跳闸后"位置，则断路器在跳闸状态；若控制开关在"合闸后"位置，则断路器在合闸状态，即断路器与控制开位置相对应。

（2）信号灯发闪光时：断路器的位置与控制开关位置正相反。

五、断路器控制回路完好性的监视

断路器的控制回路包括熔断器及其回路接线，必须对其进行经常性的监视，否则当熔断器熔断或控制回路断线（经常是接触不良）时，将不能正常进行跳、合闸操作。

目前广泛采用的控制回路完好性的监视方式有两种，即灯光监视和音响监视。中小型发电厂和变电站一般采用双灯监视方式，大型发电厂和变电站则多采用单灯加音响监视方式。

（1）双灯制监视方式。如图 3-7 所示，当断路器在跳闸位置时，若控制回路完好则绿灯 HG 亮，否则说明熔断器熔断或合闸回路断线；同理，红灯 HR 亮，表明断路器在合闸位置，同时说明跳闸回路是完好的。

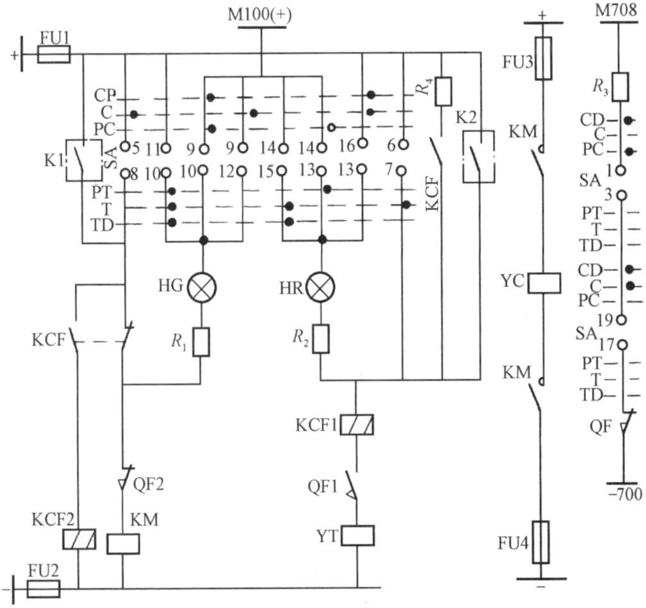

图 3-7　灯光监视的断路器控制回路接线

（2）单灯制监视方式。如图 3-8 所示，将跳闸位置继电器 KCT 的动断触点和合闸位置继电器 KCC 的动断触点串联接于控制回路断线小母线 M7131 与"＋"电源之间。当控制回路熔断器熔断时，KCT 和 KCC 同时失电，其动断触点同时闭合，接通信号继电器 KS，发出控制回路断线的音响和光字牌信号；并进一步由控制开关 SA 手柄内信号灯的熄灭与否，找出故障回路。

39

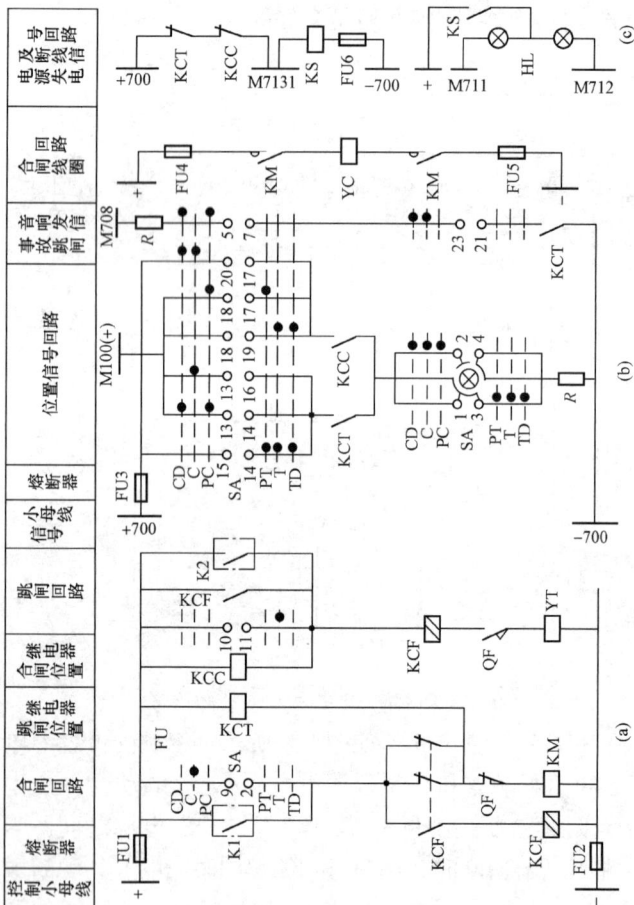

图 3-8 音响监视的单灯制断路器控制回路接线

(a) 控制回路；(b) 信号回路；(c) 断线预告信号回路

40

第三节　实用的断路器控制
回路与信号回路

在发电厂和变电站中，常见的断路器控制回路可分为两种，即灯光监视的控制回路和音响监视的控制回路。

一、灯光监视的断路器控制回路

图 3-7 所示是灯光监视的断路器控制回路接线。由图可见，图 3-7 所示是由基本控制回路图 3-1、图 3-2、图 3-4 和图 3-5 组合而成的，该接线图的动作原理分析如下：

（1）手动合闸或自动装置合闸。手动合闸，SA 的 5-8 触点瞬间接通（或自动装置动作，其出口继电器动合触点 K1 闭合），此时断路器动断辅助触点 QF2 和防跳继电器 KCF 动断触点是接通的，所以控制电源电压加到合闸接触器 KM 的线圈上，其动合触点闭合，启动合闸回路中的断路器合闸线圈 YC，断路器合闸。

1）手动合闸的灯光信号。手动合闸后，SA 的 16-13 触点接通，断路器合闸后其动合触点 QF1 闭合，所以红灯 HR 经 SA16—13—R_2—KCF1—QF1—YT 通电发平光。但因回路中串有 KCF1、R_2 及 HR 等电阻元件，所以 YT 和 KCF1 两线圈上压降达不到其启动值，所以断路器不会跳闸。

2）自动合闸时的灯光信号。自动装置动作，K1 闭合，KM 启动，断路器自动合闸。此时，SA 是处在"跳闸后"位置，SA 的 14-15 触点接通，所以红灯 HR 经 SA 的 14-15 触点—R_2—KCF1—QF1—YT 接至闪光小母线 M100（＋）上，红灯 HR 闪光。

（2）手动跳闸或保护装置动作跳闸。手动跳闸，SA 的 6-7 触点接通（或保护装置动作，其出口继电器动合触点 K2 闭合），此时断路器动合触点 QF1 是闭合的，所以控制电源电压加到断路器跳闸线圈 YT 和防跳继电器 KCF1 线圈上。YT 的阻抗大于 KCF1 的阻抗，但 KCF1 电流线圈灵敏度高于 YT，所以两线圈同时启动。YT 启动断路器跳闸，而防跳继电器 KCF1 启动，其触点进行切换。

1）手动跳闸的灯光信号。手动跳闸后，SA 的 10-11 触点接通，而断路器动断触点 QF2 闭合，所以绿灯 HG 经 SA 的 10—11—R_1—QF2—KM 线圈通电发平光。但因回路中串有 HG 和 R_1 电阻元件，KM 线圈上压降达不到其启动值，所以断路器不会合闸。

2）自动跳闸时的灯光信号。自动装置动作，K2 闭合，断路器跳闸。此时，SA 在"合闸后"位置，其 9-10 触点接通；断路器跳闸后，QF2 闭合，所以绿灯 HG 经 SA 的 9-10 触点—R_1—QF2—KM 线圈接到闪光小母线 M100（＋）上，绿灯 HG 闪光。

（3）跳、合闸回路完整性监视。在跳、合闸回路中接入红、绿信号灯：①跳闸回路，红灯亮表示断路器在合闸状态（QF1 动合触点闭合），且跳闸回路是完好的（YT 回路畅通）。②合闸回路，绿灯 HG 亮，表示断路器在跳闸状态（QF2 动断触点闭合），且合闸回路是完好的（KM 线圈回路畅通）。

（4）熔断器完好性监视。红灯 HR 或绿灯 HG 有一个亮，则表明熔断器 FU 是完好的。

（5）为了防止当 K2 先于 QF1 跳开时烧坏 K2 触点，加入 KCF 动合触点与 R_4 串联再与 K2 动合触点并联，即使

K2 先跳开，因有与之并联的 KCF 及 R_4，所以 K2 不会烧坏。

（6）灯光监视的控制回路的优缺点。该回路结构简单，红、绿信号灯指示断路器的位置十分明显；但在大型发电厂和变电所中，因控制屏多，所以必须加入音响信号，以便及时引起值班人员的注意。

二、音响监视（单灯制）的断路器控制回路

图 3-8 所示是音响监视的单灯制断路器控制回路接线图。由图可见，图 3-8 所示是以控制回路图 3-1、图 3-2 及图 3-6 为基础组合而成的，与灯光监视的控制回路相比较，其主要特点是：

（1）图 3-8（a）所示控制回路与图 3-8（b）所示信号回路分开画，控制开关为 LW2-YZ 型，手柄内有一信号灯。

（2）在图 3-8（a）所示控制回路的合闸回路中，用跳闸位置继电器 KCT 线圈代替绿灯 HG；在跳闸回路中，用合闸位置继电器 KCC 线圈代替红灯 HR，其余完全相同。

（3）在图 3-8（b）所示信号回路中，用跳闸位置继电器 KCT 的动合触点代替断路器的动断触点，用合闸位置继电器 KCC 的动合触点代替断路器的动合触点。

（4）在断线预告信号回路中，将 KCT 和 KCC 的动断触点串联，接至控制回路断线预告信号小母线 M7131，再串入信号继电器 KS。若控制回路熔断器熔断或断线，则 KCT 和 KCC 动断触点同时闭合，发断线信号。开关 SA 手柄中的信号灯是经常亮着的，若灯光熄灭，则说明熔断器熔断、回路断线或灯泡烧坏，同时"控制回路断线"光字牌点亮，也发断线信号。

由以上分析可见，单灯制音响监视的断路器控制回路，需由灯光（平光或闪光）及控制开关的手柄位置来共同确定断路器的位置状态。

三、液压操动（双灯制）的断路器控制回路

图 3-9 所示是液压操动采用灯光监视的断路器控制回路，控制开关是 LW2-Z 型的。该回路的特点是断路器的跳、合闸动力是液体的压力，虽然控制合闸的电流小（只需 2A 即可），但对液压装置要求较高，因此专设有压力异常报警、自动稳压和压力异常闭锁合闸操作等装置。

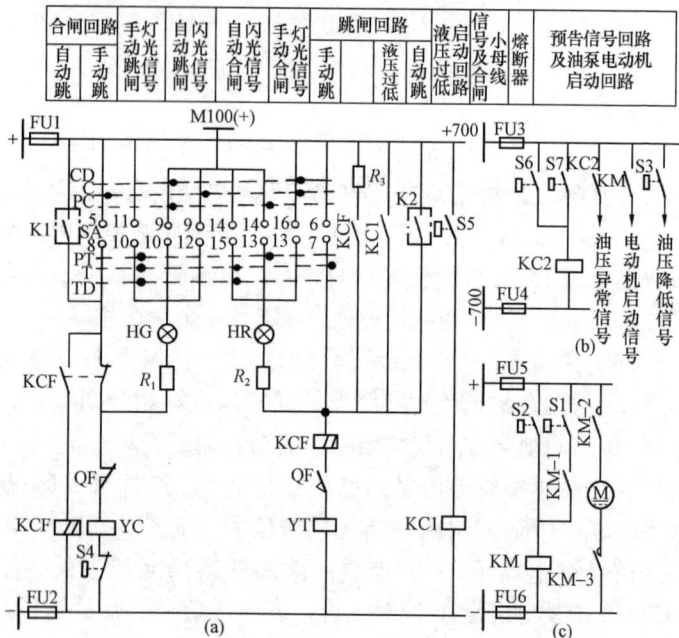

图 3-9　液压操动采用灯光监视的断路器控制回路

(a) 灯光监视的 QF 控制回路；(b) 液压异常预告信号回路；

(c) 油泵电机启动回路

其中，图 3-9（a）所示为灯光监视的断路器控制回路，图 3-9（b）所示为压力异常预告信号回路，图 3-9（c）所示为油泵电动机启动回路。S1～S5 为液压机构微动开关的触点；S6、S7 为压力表触点，各触点的动作值见表 3-2。KC1、KC2 为中间继电器，KM 为直流接触器，M 为直流电动机。液压部分动作分析如下。

表 3-2　　　　　　　　压力表触点的动作值

触点号	S1	S2	S3	S4	S5	S6	S7
动作值（MPa）	<17.5	<15.8	<14.4	<13.2	<12.6	<10	>20

（1）液压操动机构的压力控制。为保证断路器的正常工作，油压应维持在 15.8～17.5MPa，否则应进行调节。

1）当油压低于 17.5MPa 时，S1 闭合；当油压降至 15.8MPa 时，S2 闭合使接触器 KM 启动，其 KM-1 触点闭合，经 S1 使 KM 自保持；KM-2 与 KM-3 触点闭合，使电动机 M 启动升高油压，KM 触点闭合，发出电动机 M 启动信号。

2）当油压升至 15.8MPa 以上时，S2 断开，但直到升至 17.5MPa 时，S1 断开，KM 线圈失电，油泵电动机才停止转动。以此维持油泵油压在 15.8～17.5MPa。

（2）油压异常时发出信号。

1）当油压降至 14.4MPa 时，S3 闭合，发出油压降低信号。

2）当油压降至 13.2MPa 时，S4 断开，切断断路器合闸回路，及时行施"油压降低闭锁合闸"功能，避免断路器在油压过低时合闸的"慢爬"现象。

3）当油压降至 10MPa 以下时 S6 闭合，油压超过 20MPa 时 S7 闭合，都能使中间继电器 KC2 启动，其动合触点闭合发出油压异常信号。

（3）油压严重下降时，断路器自动跳闸。当油压严重下降时（如低于 12.6MPa），S5 闭合，启动中间继电器 KC1，其动合触点闭合，接通断路器跳闸线圈 YT，使断路器自动跳闸，退出工作。

第四章

隔离开关及其控制

隔离开关（QS）是重要的高压电气开关设备之一，在电力系统中的应用十分普遍。它能将带电和不带电的设备方便、可靠地隔离，并形成明显可见的空气间隙而得名。

第一节　隔离开关及其位置信号

一、隔离开关的用途

在 10（6）～500kV 高压电网中装设有大量的隔离开关，其主要作用简述如下：

（1）隔离电源。用隔离开关将需要检修（不带电）的部分与运行（带电）的部分隔离，以保证高压电气装置检修工作的安全。

（2）接通或断开小电流回路。因为隔离开关没有专用的灭弧装置，所以只能接通和断开只有电压没有负荷电流的电路，如空载短线路、空载中小变压器和空载母线等。

（3）倒闸操作。在等电位情况下，将双母线制电路中的电气设备或供电线路从一组母线切换到另一组母线上，即倒闸操作。

（4）与接地开关互锁实现接地操作。将隔离开关与接地开关连接，即可方便、可靠地实现接地操作：先断开隔离开关，后闭合接地开关；先断开接地开关，后闭合隔离开关。

二、隔离开关的操作范围

（1）在电网无接地故障时，拉合电压互感器。

（2）在无雷电活动时拉合避雷器。

（3）拉合 220kV 及以下母线和直接连接在母线上的设备的电容电流。

（4）在电网无接地故障时，拉合变压器中性点接地隔离开关。

（5）与开关并联的旁路隔离断路器，当断路器合好时，可以拉合断路器的旁路电流。

（6）拉合励磁电流不超过 2A 的空载变压器和电容电流不超过 5A 的空载线路（但 20kV 以上应使用户外三联隔离开关）。

（7）拉合 10kV 及以下不超过 70A 的环路电流。

三、隔离开关的操作方式

隔离开关的操作方式分就地操作和远方操作两种，就地操作又分为手动操作和电动操作。通常，110kV 及以下电压等级的隔离开关，一般采用就地操作；220kV 的隔离开关一般采用就地操作，也有采用远方操作的；500kV 的隔离开关为剪刀（旋转）式开、断操作的，都采用远方电动操作。

四、隔离开关的位置信号

对设于现场的隔离开关的通断位置，可通过控制屏上的位置指示器进行了解和监视。图 4-1 所示是目前电力系统中应用较广的 MK-QT 型隔离开关位置指示器，设于控制屏上，

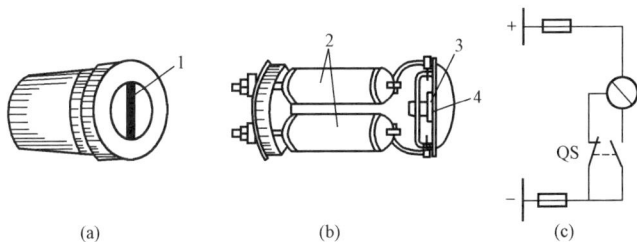

图 4-1　MK-QT 型隔离开关位置指示器

（a）外形；（b）内部结构；（c）二次接线

1、4—黑色标线；2—电磁铁线圈；3—衔铁

内有两个线圈,分别与隔离开关的动断和动合触点串联接于信号回路,如图 4-2 所示。由图可见,对应母线出线的隔离开关 QS1 和 QS2,有两个位置指示器 Y1 和 Y2,位置指示器结构和动作示意如图 4-3 所示。现将位置指示器的动作原理简析如下。

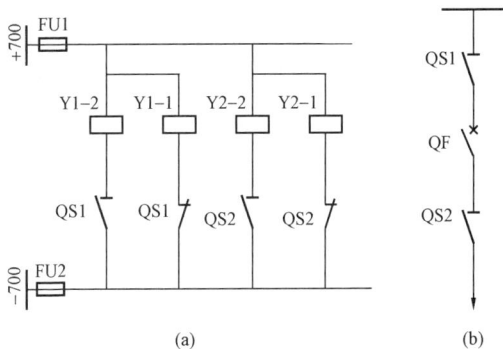

图 4-2　隔离开关位置指示器接线

（a）接线图；（b）示意图

（1）当隔离开关 QS1 接通时，其动合触点闭合，相应

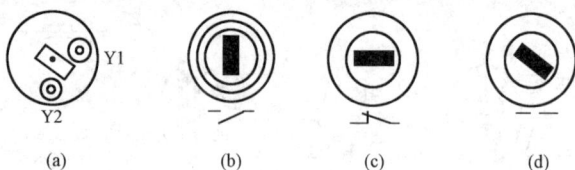

图 4-3　隔离开关位置指示器的结构动作示意

（a）正面示意图；（b）QS 通，Y1-2 通电；（c）QS 断，Y1-1 通电；

（d）QS 不用，Y1-1、Y1-2 均无电

位置指示器 Y1 的线圈 Y1-2 通电启动。由图 4-3 可见，线圈 Y1-2 将模拟条吸至垂直位，表示母线隔离开关 QS1 在闭合状态。

（2）当隔离开关 QS1 断开时，其动断触点闭合，相应位置指示器 Y1 的线圈 Y1-1 通电启动，由图 4-3 可见，线圈 Y1-1 将模拟条吸至水平位，表示母线隔离开关 QS1 在断开状态。

母线隔离开关 QS2 的位置指示原理与 QS1 的相似。

第二节　隔离开关的控制回路

隔离开关的控制方式有就地控制和远方控制两种；隔离开关的操动机构有电动式、电动液压式和气动式等。下面重点介绍电动式和气动式两种。

一、电动操作的隔离开关控制回路

图 4-4 所示为电动操作的隔离开关控制回路接线，常用于户外式 220kV 及以上隔离开关的分、合闸操作。图中，SB1、SB2 分别为合、跳闸按钮；SB 为紧急解除按钮；KM1 为合闸接触器，KM2 为跳闸接触器；KR 为热继电

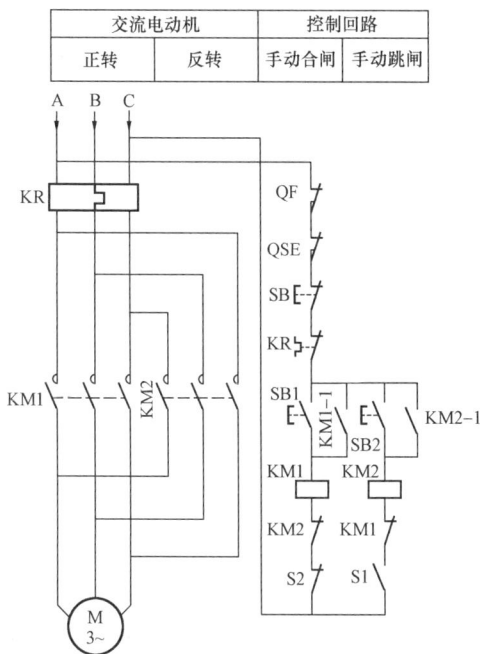

交流电动机		控制回路	
正转	反转	手动合闸	手动跳闸

图 4-4　电动操作的隔离开关控制回路接线

器，QSE 为接地开关的辅助触点；S1、S2 分别为隔离开关
合、跳闸终端开关（隔离开关合闸后，S1 合闸终端开关合
上，S2 跳闸终端开关断开）。控制回路的动作原理分析
如下：

（1）隔离开关合闸操作。与隔离开关相对应的断路器
QF 在跳闸状态时，其动断辅助触点闭合；接地开关 QSE
断开时，其辅助动断触点闭合；隔离开关 QS 在跳闸终端位
置（其跳闸终端开关 S2 闭合）且无跳闸操作（即 KM2 的动
断触点闭合）时，按下隔离开关合闸按钮 SB1，则合闸接

触器 KM1 通电启动，其主电路中的动合主触点闭合，使三相交流电动机 M 正向转动，使隔离开关 QS 合闸。同时，合闸接触器的动合辅助触点 KM1-1 闭合自保持，确保隔离开关充分合闸到位。隔离开关合闸后，合闸终端开关 S1 闭合，为跳闸做好准备；同时跳闸终端开关 S2 断开，合闸接触器 KM1 线圈失电，其动合主触点断开，电动机 M 停止转动。

（2）隔离开关跳闸操作。同理，欲进行隔离开关跳闸操作，其相应的断路器 QF 也必须在跳闸状态（其动断触点闭合）、QSE 不接地（其动断触点闭合），隔离开关 QS 在合闸终端位（S1 闭合），KM1 线圈失电，其动断触点接通；此时，欲使 QS 跳闸，只要按下 SB2 跳闸按钮，跳闸接触器 KM2 线圈通电启动，其主电路中的动合主触点闭合，使三相电动机 M 反向转动，使隔离开关 QS 跳闸，并经 KM2 的动合触点 KM2-1 自保持，确保隔离开关跳闸到位。隔离开关跳闸后，跳闸终端开关 S2 闭合为合闸做好准备，同时合闸终端开关 S1 断开，KM2 失电返回，电动机 M 停止转动。

（3）电动机紧急停止。在跳、合闸操作过程中，如因故需立即停止操作，可按下紧急解除按钮 SB，使跳、合闸接触器失电，电动机立即停止转动。

（4）跳、合闸回路保护。电动机 M 启动后，如因故障发热，则热继电器 KR 动作，其动断触点断开整个控制回路，操作停止。另外，合闸接触器 KM1 和跳闸接触器 KM2 的动断触点互相闭锁跳、合闸回路，以避免操作发生混乱。

二、气动操作的隔离开关控制回路

图 4-5 所示是直流电源气动操作的隔离开关控制回路。P 为 QS 的位置指示器，其他与电动式相同。

隔离开关在进行合闸操作时，与其对应的断路器 QF 必定在跳闸状态，接地开关 QSE 在断开位置（不接地），隔离开关 QS 在跳闸终端位置（跳闸终端开关 S2 闭合）。此时，按下合闸按钮 SB1，合闸线圈 YC 带电启动，隔离开关进行合闸，同时经 YC 动合触点自保持，确保隔离开关合闸到位。隔离开关合闸后，其合闸终端开关 S1 合上，为跳闸做好准备；同时其跳闸终端开关 S2 断开，使合闸线圈 YC 失电返回。此时，QS 的动合触点闭合，使隔离开关位置指示器 P 的模拟条处于垂直位置，表明 QS 合闸。

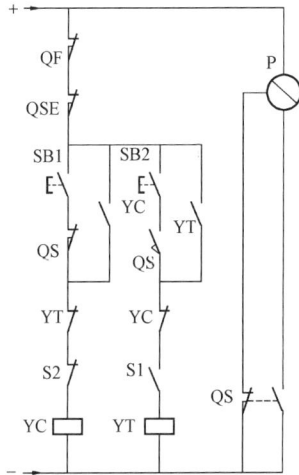

图 4-5　直流电源气动操作的隔离开关的控制回路接线

电动液压操作的隔离开关控制回路与电动式相似，此处不再赘述。

第三节　隔离开关的闭锁回路

隔离开关没有专用的灭弧装置，不能用来切断或接通负荷电流和短路电流，如果在带负荷情况下拉开隔离开关（通常称带负荷拉刀闸），将造成严重事故。隔离开关必须与断路器配合使用，其操作程序严格规定为：断开电路时，先断开断路器，后拉开隔离开关；接通电路时，先合上隔离开关，后合断路器。为切实防止误操作，除制定了操作规程外，还特别在隔离开关与断路器之间装设了机械或电气的闭锁装置。

闭锁装置可分为机械闭锁和电气闭锁两种类型。机械闭锁装置一般用于 6～10kV 开关柜式配电装置中，其方法是在 CS2 型操动机构上加装受断路器操动机构控制的挡板。但 35kV 及以上配电装置或隔离开关与断路器不在同一个开关柜，只能采用电气闭锁。此处只介绍电气闭锁装置及接线。

一、电气闭锁装置及工作原理

电气闭锁装置是利用电磁锁来实现的。电磁锁由电锁和电钥匙两部分组成，其构造如图 4-6 (a) 所示，电磁锁的工作原理如图 4-6 (b) 所示。由图可见，电磁锁固定在隔离

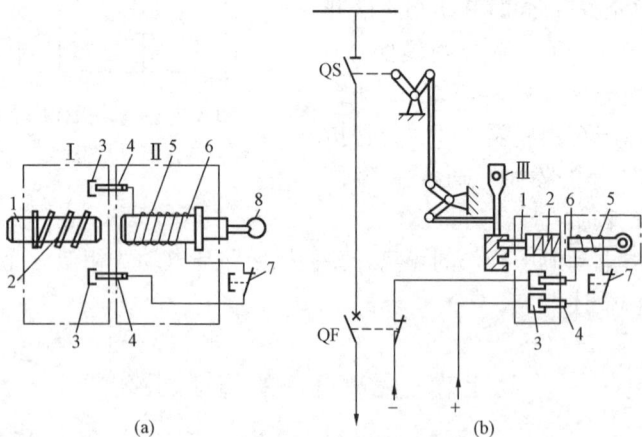

图 4-6　电磁锁的构造及工作原理
(a) 电磁锁构造图；(b) 电磁锁工作原理

Ⅰ—电锁；Ⅱ—电钥匙；Ⅲ—操作手柄；1—锁芯；2—弹簧；3—插座；
4—插头；5—线圈；6—电磁铁；7—电磁锁解除按钮；8—钥匙环

开关的操动机构上，可以锁住其操动机构的转动部分。在每个隔离开关的操动机构上装有一把电锁，而电钥匙全厂（所）仅备有数把作为公用。在电钥匙不带电时，锁芯在弹簧的压力下插进操动机构的固定孔内，使操动机构的手柄不能转动。而电钥匙线圈带电时，则产生电磁力将锁芯从操动机构的固定孔内吸出，使操动机构手柄可以自由转动。现将断路器与隔离开关的配合操作简述如下。

（1）断路器在跳闸位置时隔离开关可以进行操作。当断路器在跳闸位置时，其动断辅助触点闭合，接通电钥匙的线圈电路，电钥匙（实为电磁铁）产生电磁力将锁芯吸出，锁被打开，隔离开关操作手柄可以自由转动，进行跳、合闸操作。

（2）断路器在合闸位置时隔离开关不能进行操作。断路器在合闸状态时，由于其动断辅助触点是断开的，电磁锁电源插座上没有电源，即使将电钥匙的插头插入，电锁也不能被打开，隔离开关手柄不能转动，隔离开关也就不能进行跳、合闸操作，防止了带负荷拉（合）隔离开关的误操作。

（3）电磁锁解除按钮。由图 4-6 可见，当将电磁锁解除按钮按下时，即使断路器在跳闸位置，插座有电压，电钥匙也将因失电而无法打开电锁，使隔离开关不能进行跳、合闸操作。

二、电气闭锁装置的接线分析

按一次接线的不同，隔离开关 QS 与断路器 QF 的电气闭锁接线分为单母线系统的电气闭锁、双母线系统的电气闭锁、发电机—变压器组的电气闭锁、双母线分段电气闭锁及隔离开关与接地开关之间的电气闭锁等，下面仅就其中的几种进行简析。

1. 单母线系统的电气闭锁接线

图 4-7 所示为单母线系统电气闭锁接线。图中 YA1 和 YA2 分别为隔离开关 QS1 和 QS2 的电磁锁插座，其接线工作原理分析如下。

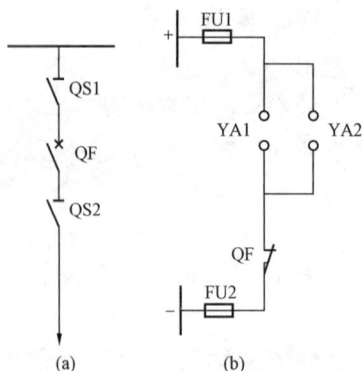

图 4-7　单母线系统电气闭锁接线

(a) 主电路；(b) 闭锁电路

（1）手动断开线路的操作。要断开运行的线路，首先应断开断路器，然后再断开隔离开关。当断路器跳闸后，其动断辅助触点接通，将电源电压引至母线隔离开关 QS1 的电磁锁插座 YA1 及线路隔离开关 QS2 的电磁锁插座 YA2 上。当将电钥匙插入线路隔离开关的电锁插座 YA2 内时，电钥匙的线圈被接通，电磁铁被磁化，将电锁内铁芯吸出，从而解除了隔离开关手柄的闭锁，使其可以进行手动操作，将隔离开关 QS2 拉开，同时用铁芯将隔离开关手柄重新锁在断开位置上。母线隔离开关 QS1 的操作顺序与线路隔离开关相同。

如果值班人员在断路器未断开时先去拉隔离开关，由于此时断路器在合闸位置，其动断辅助触点不能接通电钥匙的线圈回路，锁芯不会被吸出，隔离开关手柄被锁住而不能进行操作。

（2）手动投入线路的操作。其操作顺序与断开线路时相反，即应先合上隔离开关 QS2 和 QS1，最后再合上断路器。如果误操作先合上断路器，由于电钥匙线圈回路已被断路器的动断辅助触点切断，锁芯不会被吸出，隔离开关手柄被锁住，因此不会产生误操作将隔离开关于断路器后再合上。

2. 双母线系统的电气闭锁接线

图 4-8 所示为双母线系统电气闭锁接线。在双母线配电装置中，除断开或投入线路的操作外，还经常需要在不断开断路器的情况下，进行母线隔离开关的切换操作（又称倒母线）。隔离开关倒闸操作的前提是等电位。

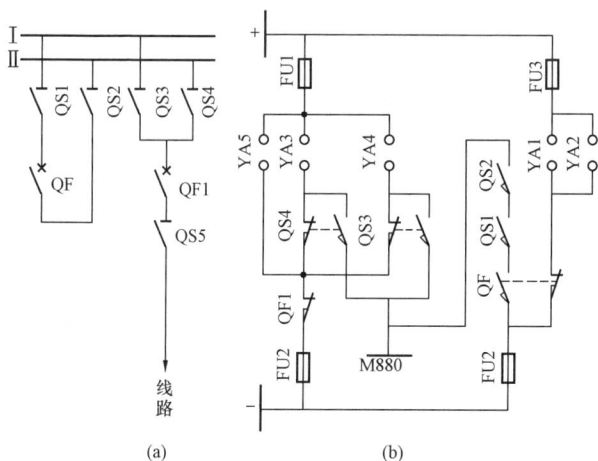

图 4-8 双母线系统电气闭锁接线

(a) 主电路；(b) 闭锁电路

（1）手动断开线路。先断开线路断路器 QF1，再断开隔离开关 QS5 和 QS3。QF1 断开后，电锁插座 YA5 和 YA3 带电，电钥匙可依次将电锁 YA5 和 YA3 打开，然后将 QS5 和 QS3 断开，完成断开线路的操作。

(2) 手动投入线路。先用电钥匙打开 QS3（或 QS4）手柄上的电锁 YA3（或 YA4），合上 QS3（或 QS4）；再用电钥匙打开 QS5 手柄上的电锁 YA5，合上 QS5；最后合上线路断路器 QF1，使线路接到Ⅰ（或Ⅱ）母线上运行。

(3) 把线路从Ⅰ母线倒到Ⅱ母线上运行。假定母线联络断路器 QF 和隔离开关 QS1、QS2 以及 QS4 都在断开位置，线路断路器 QF1、隔离开关 QS5、QS3 在合闸位置，要求在不断开 QF1 及 QS5 的条件下，将线路转到Ⅱ母线上供电，其倒闸操作顺序如下：

1) 先合上 QS1 和 QS2。用电钥匙打开两台母线联络隔离开关 QS1 和 QS2 的电锁 YA1 和 YA2，并合上两隔离开关 QS1 和 QS2。

2) 合上母联断路器 QF（两母线已并列运行）。应注意，两母线并列需符合并列条件方能进行并列操作。

3) 合上 QS4。用电钥匙打开 QS4 手柄上的电锁 YA4，将 QS4 合到Ⅱ母线上。

4) 断开 QS3。合上 QS4 后，两母线已等电位，所以可以方便地打开电锁 YA3，将 QS3 从Ⅰ母线上断开。至此，线路已切到Ⅱ母线上运行。

5) 断开母线联络断路器和隔离开关。线路转到Ⅱ母线后，可解除母联断路器 QF，然后用电钥匙断开 QS1 和 QS2，至此便完成了线路由Ⅰ母线转到Ⅱ母线的全部倒闸操作。

第五章

测量及监察系统

测量及监察系统是发电厂和变电站控制接线的重要组成部分，值班人员根据测量表计和监察装置的指示数据，能监视和了解电力系统的运行状态和生产情况。

在发电厂和变电站中，应用较多的电气仪表是电流表、电压表、频率表、有功功率表、无功功率表、有功电能表和无功电能表、同步表等，本章只介绍电气测量用的功率表和电能表及其接线。

第一节 有功功率和电能的测量

发电厂和变电站中的功率表为铁磁电动系原理的功率表，又称为开关板式功率表。功率表又分为有功功率表和无功功率表，本节讨论有功功率表、有功电能表及其原理接线。

一、单相有功功率表及接线

图 5-1 所示是单相功率表的

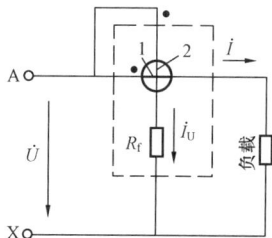

图 5-1　单相功率表的原理接线

原理接线。圆圈内水平粗实线 1 表示电流线圈，垂直细实线 2 表示为电压线圈。由于电压线圈（动圈）阻抗小，所以在表内串上一个附加电阻 R_f 后，再接入被测电路的电压 U 上。"·"点即同名端标志。

图 5-2 所示是单相功率表经电流互感器 TA 和电压互感器 TV 接入电路时的原理接线。功率表 PW（测量元件）的接线，经互感器接入电路与直接接入电路时相同，其电流线圈和电压线圈的同名端"·"都接在电源侧，而另一端接负荷侧。这样，互感器二次回路中功率的正方向与一次回路中功率的正方向一致，与将直接仪表接入电路的效果一样。

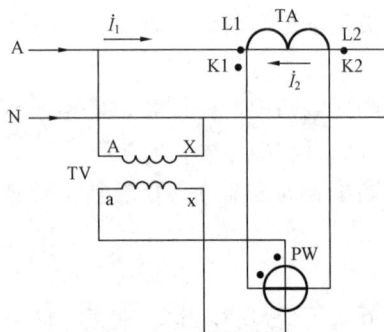

图 5-2 单相功率表经互感器的原理接线
TA—电流互感器；TV—电压互感器

二、用单相功率表测三相有功功率

图 5-3 所示是用三只单相功率表测三相四线制电路有功功率的接线。每只功率表接于相电流和相电压上，测量一相的功率，三只功率表读数之和就是三相总有功功率。这种接线方法不管三相是否平衡，测量结果都是正确的。

对于完全对称的三相电路（三相电压对称，三相负载完

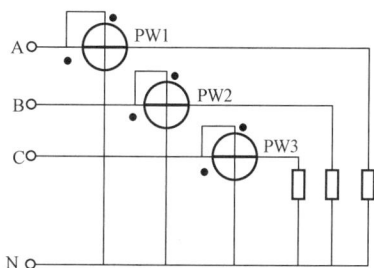

图 5-3　三只单相功率表测三相四线
制电路有功功率的接线

全平衡），可只用图 5-3 中的任一只单相功率表进行测量，再将测得读数乘以 3，即可得到三相总有功功率。

三、单相有功电能表及其测量接线

交流电路中的电能通常是用电能表（即电度表）来进行测量的。电能表是将功率在运行时间上累计起来的仪表。单相交流电路的有功电能可表示为

$$A = Pt = UI\cos\varphi\, t$$

式中：U 为电网线电压；I 为负荷电流；t 为通电时间；$\cos\varphi$ 为负荷电路的功率因数。

电能的计量单位为 kWh（千瓦·时）。电能表不仅能反映功率的大小，而且还能反映电能随时间积累的总和，这就是电能表与功率表的不同之处。而电能表和功率表的接线是相同的。

图 5-4 所示是用三只单相电能表测量三相四线制电路电能的接线。用三只单相电能表分别测量各相负荷消耗的电能，然后将三只单相电能表的测量读数 kWh（千瓦·时）相加，即可得到三相总电能。

在完全对称的三相四线制电路中，可以用一只单相电能

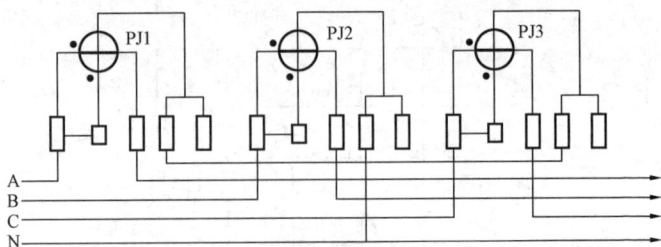

图 5-4 用三只单相电能表测量三相四线
制电路电能的接线图

表测量任一相电路消耗的电能，然后乘以 3 即是三相电路的
总电能。

四、三相两元件有功功率表及其测量接线

图 5-5 所示是三相两元件有功功率表测量三相三线制电
路有功功率接线，图 5-6 所示是其相应的电流、电压相量
图。由图分析可写出两只表所测的平均功率为

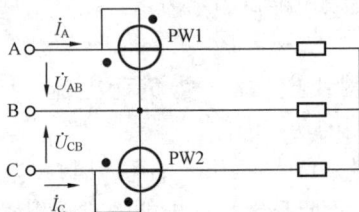

图 5-5 三相两元件有功功率表测量
三相三线制电路有功功率接线

$$P_1 = U_{AB} I_A \cos (\dot{U}_{AB} \dot{I}_A) = U_{AB} I_A \cos (30° + \varphi_A) \quad (5-1)$$

$$P_2 = U_{CB} I_C \cos (\dot{U}_{CB} \dot{I}_C) = U_{CB} I_C \cos (30° - \varphi_C) \quad (5-2)$$

所以两只功率表测得的功率为

$$P_\Sigma = P_1 + P_2 = U_{AB} I_A \cos (30° + \varphi_A) + U_{CB} I_C \cos (30° - \varphi_C)$$

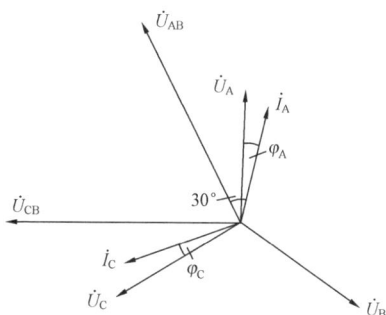

图 5-6　图 5-5 接线的两只功率表的电流、电压相量图

当三相电路完全对称时，即当

$$U_{AB}=U_{BC}=U_{CA}=U（线电压相等）$$

$$I_A=I_B=I_C=I（相电流相等）$$

$$\cos\varphi_A=\cos\varphi_B=\cos\varphi_C=\cos\varphi（相位角相等）$$

时，可由两角和（差）公式得出

$$P_1=U_{AB}I_A\cos（30°+\varphi_A）=\frac{\sqrt{3}}{2}UI\cos\varphi-\frac{1}{2}UI\sin\varphi \quad（5-3）$$

$$P_2=U_{CB}I_C\cos（30°-\varphi_C）=\frac{\sqrt{3}}{2}UI\cos\varphi+\frac{1}{2}UI\sin\varphi \quad（5-4）$$

于是得两功率表之和为

$$P=P_1+P_2=\sqrt{3}UI\cos\varphi \quad（5-5）$$

由式（5-5）可知，用两只单相功率表测量三相功率时，每只功率表的读数不代表所接一相的功率，但两只功率表读数之代数和却代表了三相电路的总功率。

图 5-7 所示两种测三相有功功率的接线方式也同样适用，读者可根据图 5-5 的分析方法自行分析证明。

三相两元件式有功功率表测量三相有功功率的接线与用两只单相有功功率表测量的接线方法相似。一般的，在

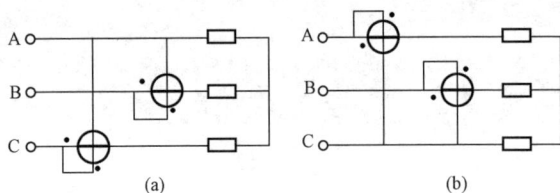

图 5-7 测量三相三线制电路有功功率的另外两种接线方式

(a) 接线方式之一；(b) 接线方式之二

500V 以下的低压系统中，有功功率可直接接入电路；当电压在 500V 以上时，应经互感器接入，其接线方法如图 5-8 所示。经互感器接入电路时的二次接线展开图如图 5-9 所示。

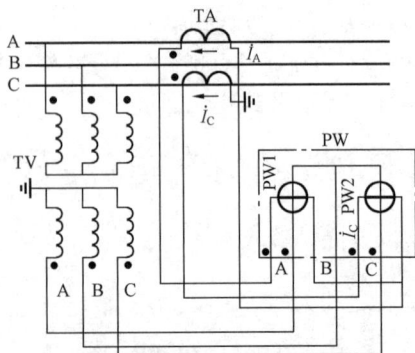

图 5-8 三相功率表经互感器接入电路的接线

五、三相有功电能表及其测量接线

在发电厂、变电所以及用户中，为更方便和直观，测量三相有功电能常用一只三相电能表，其工作原理与单相电能表一样，不同之处是三相电能表是由三个或两个单相电能表的测量机构组合在一起的，几个铝盘固定在同一个轴上，旋转时带动一个计数器，计数器的读数即为三相电路的总电能。

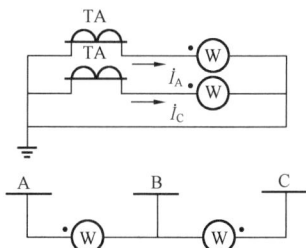

图 5-9　图 5-8 的二次接线展开图

1. 三相三元件电能表测量三相四线制电路的电能

图 5-10 所示为用一只三相三元件电能表测量三相四线制电路电能的接线图，此图与图 5-4 所示用三只单相电能表时的测量接线基本相同。

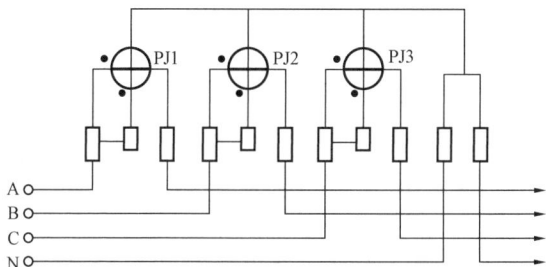

图 5-10　三相三元件电能表测量三相四线制电路电能的接线

2. 三相两元件电能表测量三相四线制电路的电能

图 5-11 所示是带有附加线圈的三相两元件电能表测量三相四线制电路电能的接线。每个元件有两个电流线圈和一个电压线圈，各元件所测得的电能表示为

$$P_1 = U_A I_A \cos\varphi_A - U_A I_B \cos(120° + \varphi_B)$$

$$= U_A I_A \cos\varphi_A + U_A I_B \left(\frac{1}{2}\cos\varphi_B + \frac{\sqrt{3}}{2}\sin\varphi_B\right) \quad (5-6)$$

$$P_2 = U_C I_C \cos\varphi_C - U_C I_B \cos(120° - \varphi_B)$$

$$= U_C I_C \cos\varphi_C + U_C I_B \left(\frac{1}{2}\cos\varphi_B - \frac{\sqrt{3}}{2}\sin\varphi_B\right) \quad (5-7)$$

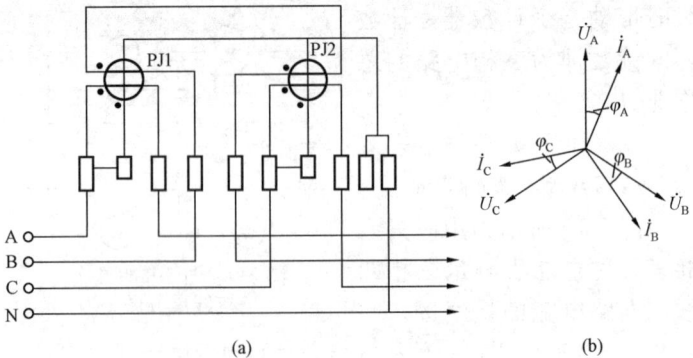

图 5-11 三相两元件电能表测量三相四线制电路电能的接线

（a）接线图；（b）相量图

如果相电压对称，$U_A = U_B = U_C$，则有

$$P_1 + P_2 = U_A I_A \cos\varphi_A + U_B I_B \cos\varphi_B + U_C I_C \cos\varphi_C$$

$$= 3P_{ph} \qquad (5\text{-}8)$$

式（5-8）表明，只要三相电压对称，不论负荷是否平衡，用三相两元件电能表测量三相四线制电路的电能所得的结果都是正确的。

3. 三相三线两元件电能表测三相三线制电路电能的接线

图 5-12 所示是在三相三线制电路中，用一只三相两元件电能表（或两只单相电能表）测量电能的接线图，其接线原理与图 5-5 所示三相两元件有功功率表测量三相三线制电路有功功率的接线相似。

4. 经互感器接线的三相有功电能表及其测量接线

图 5-13 所示是经互感器接线的三相两元件有功电能表的测量接线图，其接线原理与图 5-8 所示的三相有功功率表的测量接线相似。

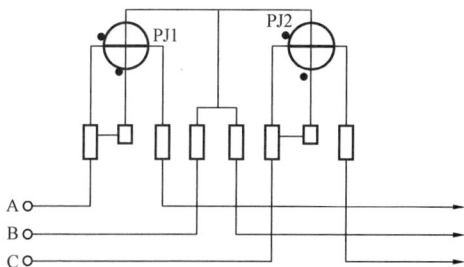

图 5-12 用三相两元件电能表测三相三线电能的接线

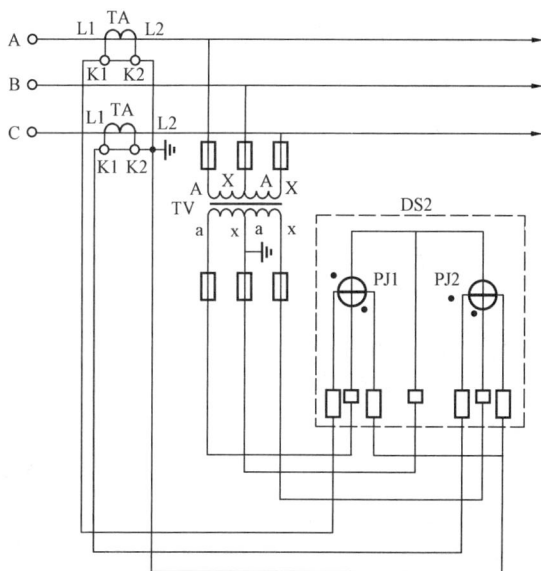

图 5-13 经互感器接线的三相有功电能表的测量接线

第二节 无功功率和电能的测量

交流电路的有功功率用有效值表示如下：

在单相电路中 $P_{(1)}=U_{ph}I_{ph}\cos\varphi$

在三相电路中 $P_{(3)}=3P_{(1)}=3U_{ph}I_{ph}\cos\varphi$

$$=\sqrt{3}U_1I_1\cos\varphi=\sqrt{3}U_1I_1\cos\varphi$$

而无功功率则表示为：

在单相电路中 $Q_{(1)}=U_{ph}I_{ph}\sin\varphi=U_{ph}I_{ph}\cos(90°-\varphi)$

$$(5\text{-}9)$$

在三相电路中 $Q_{(3)}=3Q_{(1)}=3U_{ph}I_{ph}\sin\varphi=\sqrt{3}U_1I_1\sin\varphi$

式中 U_{ph}——相电压，V；

U_1——线电压，即相间电压，V。

由式（5-9）可知，如果使通过功率表电流线圈的电流 I 与加到其电压线圈的电压 U 之间的相角差为（90°-φ），则此功率表即可测无功功率。因此，可以用三只单相有功功率表采用跨相 90°等接线方法来测量三相四线制电路和三相三线制负荷不平衡电路的无功功率。

一、用跨相 90°接线法测量无功功率

1. 三只功率表测量三相无功功率的接线

由式（5-9）可知，当用三只单相无功功率表来测量三相无功功率时，其表达式可写为

$$Q=U_AI_A\cos(90°-\varphi_A)+U_BI_B\cos(90°-\varphi_B)$$

$$+U_CI_C\cos(90°-\varphi_C) \qquad (5\text{-}10)$$

如果将电流线圈分别接入 I_A、I_B、I_C 三相电流回路，而电压线圈接在比原来相电压滞后 90°的电压上，如图 5-14 所

示，即用 $\dot{U}_{BC}$ 代替 $\dot{U}_A$，用 $\dot{U}_{CA}$ 代替 $\dot{U}_B$，用 $\dot{U}_{AB}$ 代替 $\dot{U}_C$，考虑到极性的接线，三只功率表的读数之和为

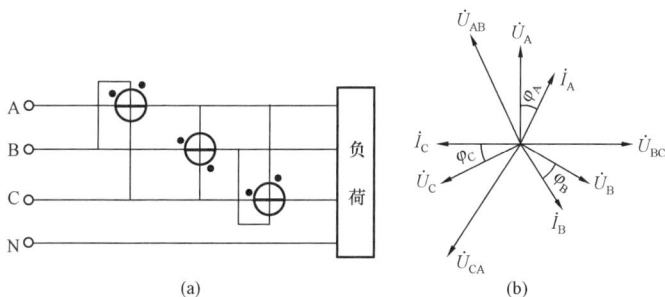

图 5-14 用跨相 90°的接线法测无功功率

(a) 接线图；(b) 相量图

$$P = P_1 + P_2 + P_3$$
$$= U_{BC}I_A\cos\,(90°-\varphi_A)\,+U_{CA}I_B\cos\,(90°-\varphi_B)$$
$$+U_{AB}I_C\cos\,(90°-\varphi_C)$$
$$= U_{BC}I_A\sin\varphi_A + U_{CA}I_B\sin\varphi_B + U_{AB}I_C\sin\varphi_C \qquad (5\text{-}11)$$

当电压对称时可改写为

$$P = \sqrt{3}\,(U_AI_A\sin\varphi_A + U_BI_B\sin\varphi_B + U_CI_C\sin\varphi_C)$$
$$= \sqrt{3}Q \qquad (5\text{-}12)$$

即三只功率表读数之和为 $\sqrt{3}$ 倍的无功功率，因此其测量结果应除以 $\sqrt{3}$，方为三相电路总的无功功率。这种接线可用于三相电压对称但负荷不平衡的三相三线制电路以及三相四线制电路中。

2. 两只功率表测量三相无功功率的接线

对于负荷基本平衡的三相电路，可以用两只功率表测量三相功率，称为两功率表跨相 90°接线法，如在图 5-10 所示

接线中将 A 相和 C 相两只表接入，则两表读数之和为

$$P = P_1 + P_3 = U_{BC}I_A\cos(90°-\varphi_A) + U_{AB}I_C\cos(90°-\varphi_C)$$

$$= 2U_1I_1\cos(90°-\varphi) = 2U_1I_1\sin\varphi = 2/\sqrt{3}Q \qquad (5\text{-}13)$$

因此，需将两表读数之和乘以 $\sqrt{3}/2$ 才是三相电路的总无功功率。

电力系统中绝大多数负荷电路属于这种"基本平衡"电路，所以常见的测三相功率的接线多为这种两表式接线。

3. 一只功率表测三相完全对称电路功率的接线

如果三相完全对称时，也可以用一只功率表接于某一相（如图 5-10 中 A 相）进行测量，然后将测得读数乘以 $\sqrt{3}$，即为三相的总无功功率。

二、利用人工中性点的接线法测量三相无功功率

由上述跨相 90° 接线讨论可知，用一个比测量有功功率滞后 90° 的电压代替原电压，则测得的结果正比于三相电路的总无功功率。由图 5-11 可以看出，$\dot{U}_C$ 超前 $\dot{U}_{AB}$ 的相角为 90°，而 $-\dot{U}_C$ 则正好滞后 $\dot{U}_{AB}$ 的相角为 90°，$\dot{U}_A$ 滞后 $\dot{U}_{CB}$ 的相角为 90°。所以用 $-\dot{U}_C$ 和 $\dot{U}_A$ 相电压代替原 $\dot{U}_{AB}$ 和 $\dot{U}_{CB}$，则可测得三相电路的总无功功率。但在三相三线制电路中，没有中性线，得不出相电压，所以想到用制造人工中性点的办法来解决。

图 5-15 所示是利用人工中性点接线法测量三相电路无功功率的接线图及相应的相量图。取一个附加电阻 R_f，使其阻抗正好等于功率表电压线圈的阻抗，将 R_f 与两只功率表的电压线圈接成星形接线，则图中的 O 点即为人工中性点。第一只测量元件接入 A 相电流和 $-\dot{U}_C$ 相电压；第二只

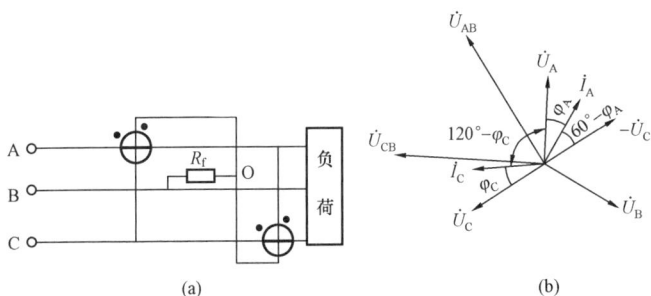

图 5-15 利用人工中性点接线法测量三相
电路无功功率的接线图
（a）接线图；（b）相量图

测量元件接入 C 相电流和 $\dot{U}_A$ 相电压，其相量图如图 5-15
（b）所示。

两只功率表（测量元件）所测得的功率为

$$P_1 = -U_C I_A \cos\ (60° - \varphi_A) \qquad (5-14)$$

$$P_2 = U_A I_C \cos\ (120° - \varphi_C) \qquad (5-15)$$

式（5-14）中的"一"号表明第一只表会反转，只要将
其电压线圈端钮反接，便可变成正转。这样当三相电路完全
对称时，两表所测功率之和为

$$\begin{aligned}
P_1 + P_2 &= U_C I_A \cos\ (60° - \varphi_A)\ + U_A I_C \cos\ (120° - \varphi_C) \\
&= U_{ph} I_{ph}\ \big[\cos\ (60° - \varphi)\ + \cos\ (120° - \varphi)\big] \\
&= 2U_{ph} I_{ph} \sin 60° \sin\varphi \\
&= \sqrt{3}\, U_{ph} I_{ph} \sin\varphi \\
&= \frac{1}{\sqrt{3}} Q \qquad (5-16)
\end{aligned}$$

可见，只要将表计的读数乘上 $\sqrt{3}$，即可测得三相电路
总的无功功率。

用两只功率表（或两个测量元件）测量三相电路的无功功率，其接线方法与测量三相有功功率一样并且不唯一，但其原理却是相同的。

在发电厂和变电所中，配电盘式无功功率表都是根据上述原理构成的，其附加电阻已装在表内，表盘刻度已考虑应乘的系数和互感器的变比，从表盘上可直接读出被测电路的无功功率。

三、无功电能的测量

在发电厂和变电所中，发电机回路、变压器回路、系统联络线及需要进行无功电能计量的线路上，应装设无功电能表。测量三相无功电能一般采用三相无功电能表，也可采用有功电能表跨相90°接线法进行计量，下面对目前常用的几种方式进行简介。

1. 采用附加电流线圈的三相无功电能表

图 5-16 所示是有附加电流线圈的三相无功电能表的测量接线，其接线与图 5-11 所示有功电能表的接线相似。由测量接线和相量图分析可知，两元件所测电能分别为

$$P_1 = U_{BC} I_A \cos(90° - \varphi_A) - U_{BC} I_B \cos(30° + \varphi_B)$$

$$= U_{BC} I_A \sin\varphi_A - \frac{\sqrt{3}}{2} U_{BC} I_B \cos\varphi_B + \frac{1}{2} U_{BC} I_B \sin\varphi_B \quad (5\text{-}17)$$

$$P_2 = U_{AB} I_C \cos(90° - \varphi_C) - U_{AB} I_B \cos(150° + \varphi_B)$$

$$= U_{AB} I_C \sin\varphi_C + \frac{\sqrt{3}}{2} U_{AB} I_B \cos\varphi_B + \frac{1}{2} U_{AB} I_B \sin\varphi_B \quad (5\text{-}18)$$

如果三相电压对称，即

$$U_{AB} = U_{BC} = U_{CA} = U_1$$

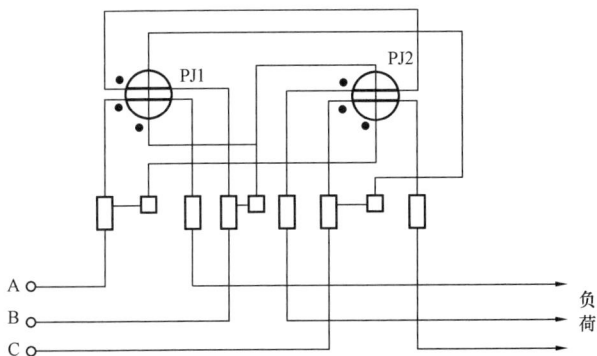

(a)

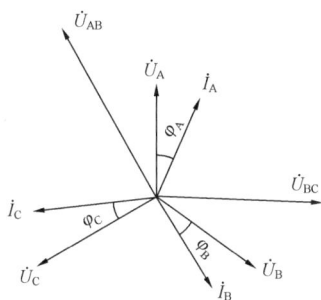

(b)

图 5-16 有附加电流线圈的三相无功电能表的测量接线
（a）接线图；（b）相量图

则两元件测得的总电能为

$$P = P_1 + P_2 = U_1 I_A \sin\varphi_A + U_1 I_B \sin\varphi_B + U_1 I_C \sin\varphi_C$$

$$= \sqrt{3}Q \tag{5-19}$$

若将表盘读数预先除以 $\sqrt{3}$，则可直接读出三相电路的无功电能。

2. 用有功电能表测量三相电路的无功电能

用有功电能表测量三相电路的无功电能，只要将电压线圈改成跨相 90°接线，其测量有功电能的方法都适用。图5-17所示为三相两元件电能表，用其测将三相电路无功电能为

$$P_1 = U_{BC} I_A \cos (90° - \varphi_A)$$

$$P_2 = U_{AB} I_C \cos (90° - \varphi_C)$$

当电路基本对称时，两表所测电能为

$$Q = P_1 + P_2 = 2U_1 I_1 \cos (90° - \varphi)$$

$$= 2U_1 I_1 \sin\varphi \qquad (5\text{-}20)$$

由式（5-17）可知，用三相两元件电能表测量三相无功电能时，将电能表读数乘以 $\sqrt{3}/2$，即为三相电路的总无功电能。

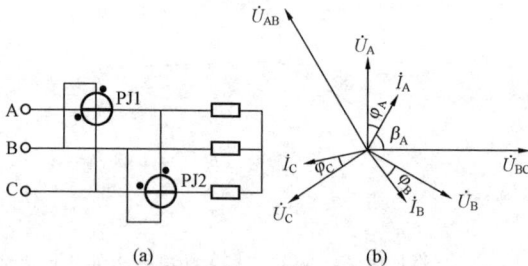

图 5-17 用三相两元件电能表测量三相电路无功电能的接线
（a）接线图；（b）相量图

第三节 交流电网绝缘监察装置

110kV 及以上中性点直接接地的系统，当有一相发生接地时便形成单相接地短路故障，其接地电流很大（一般在

500A 以上），因此又称为大接地短路电流系统。在这种系统中，当有一相发生接地时，继电保护装置动作使断路器跳闸，切除故障线路，所以不需装设监视对地绝缘状况的装置。

35kV 及以下中性点不接地或经消弧线圈接地的系统中，正常情况下三相对地电压等于相电压；当有一相发生金属性接地故障时，故障相电压降为零，而非故障相电压则升高到原来的 $\sqrt{3}$ 倍变为线电压。由于此时整个系统只有一点接地，并不形成短路回路，故障点仅流过很小的电容电流，一般在 5A 以下，因此这种系统又称为小接地短路电流系统或称小电流接地系统。这种系统发生单相接地时，不会对系统造成大的危害，因此允许继续运行一段时间（一般规定为2h 以内）。但是这种"带病"工作状态不能长久，否则再有一点接地，便会发生相间短路，造成大事故，因此小电流接地系统必须装设绝缘监察装置，以便在电网发生一点（相）接地时能及时发现并予以处理。

一、小电流接地系统单相接地时电压和电流的变化

图 5-18 所示是小电流接地系统发生单相接地，其电压和电流的变化分析如下。

1. 三相对称运行（正常情况）

在正常情况下，各相导线中除流过负荷电流外，还流过由导线对地的分布电容所引起的电容电流 I_C。每相对地的分布电容分别用一个集中电容 C_A、C_B、C_C 来表示，如图 5-18（a）所示。由于线路电容很小，所以其容抗 $\left(X_C = \dfrac{1}{\omega C}\right)$ 很大，线路的感抗 X_L 和电阻相对较小可以忽略不计。在对称的三相电网中，分布电容对称相等，即 $C_A =$

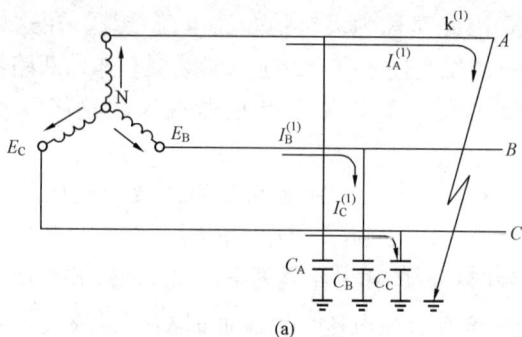

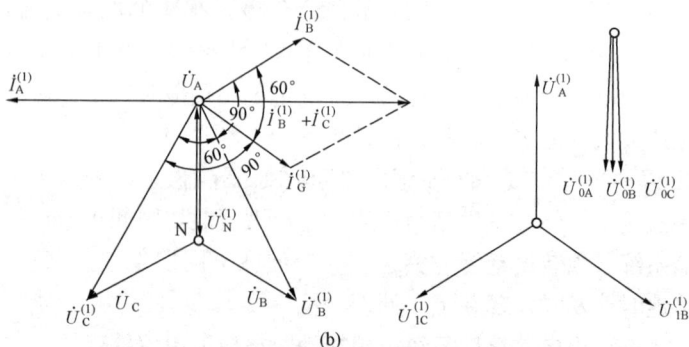

图 5-18 小电流接地系统单相接地

(a) 接线图；(b) 相量图

$C_B=C_C=C$，并且系统中性点 N 的对地电压等于零，各相对地电压即是该相的相电压，各相导线中流过的电容电流在相位上超前相应的相电压 90°，三相电容电流的相量和等于零，没有电流流入大地。

2. 当有一相发生金属性接地（事故情况）

（1）电压的变化。当电网中有一相接地（如 A 相发生金属性接地）时，A 相导线与大地等电位，即 $\dot{U}_A^{(1)}$ 降为零，此时系统中性点 N 的对地电压不再为零，而变成故障相接地前的相电压（但符号相反），即 $\dot{U}_N^{(1)} = -\dot{U}_A$。

由图 5-18（b）所示相量图可知

$$\dot{U}_B^{(1)} = \dot{U}_N + \dot{U}_B = \dot{U}_B - \dot{U}_A = \dot{U}_{BA} = \sqrt{3}\dot{U}_B$$

$$\dot{U}_C^{(1)} = \dot{U}_N + \dot{U}_C = \dot{U}_C - \dot{U}_A = \dot{U}_{CA} = \sqrt{3}\dot{U}_C$$

即非故障相 B 相和 C 相的电压升高到原来的 $\sqrt{3}$ 倍，成为线电压。

（2）电流的变化。当 A 相接地时，其电压降为零，C_A 中不再有电容电流流过，流经电容 C_B 和 C_C 的电流之和经过大地及接地相的导线流回，故接地点处的电流为

$$\dot{I}_A^{(1)} = -(\dot{I}_B^{(1)} + \dot{I}_C^{(1)})$$

而 $\dot{U}_B^{(1)} + \dot{U}_C^{(1)} = -3\dot{U}_A$，可得

$$\dot{I}_A^{(1)} = 3\dot{I}_0^{(1)}$$

式中，$\dot{I}_0^{(1)}$ 是单相接地时的零序电流，而非故障相的电流增大到原来的 $\sqrt{3}$ 倍

$$\dot{I}_B^{(1)} = \dot{I}_C^{(1)} = \sqrt{3}I^{(1)}$$

而三相电容电流之和不再为零，有零序电流流入大地。接地点的电流在数值上等于原来（故障前）每相电容电流的三倍，在相位上超前故障相电压 $\dot{U}_A$ 的相角为 90°。

当非金属性（经过渡电阻或消弧线圈）接地时，接地相电压将不会降至零，非故障相电压也不会升高到原来的 $\sqrt{3}$ 倍，而是介于相电压和线电压之间。

二、绝缘监察装置的原理及接线图

由以上分析可知，小电流接地系统发生一点接地故障

时，接地相电压降低，而非故障相电压升高，在系统中出现零序电压和零序电流。系统的单相接地保护装置就是利用零序电压（无方向性）构成无选择性的单相接地保护，即绝缘监察装置，而利用零序电流（有方向性）构成的是有选择性的单相接地保护。在简单的电网中，绝缘监察装置是唯一的单相接地保护装置。下面对绝缘监察装置进行分析。

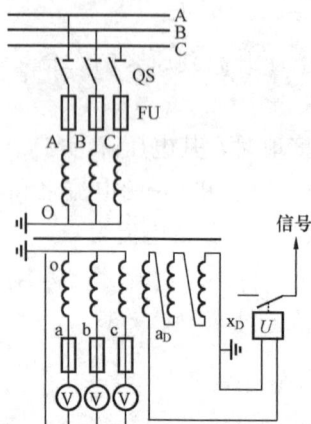

图 5-19　小电流接地系统绝缘
监察装置原理接线

1. 绝缘监察装置的构成

图 5-19 所示是小电流接地系统绝缘监察装置原理接线图。它以三相五柱式电压互感器为基础，在星形接线的二次绕组上每相接入一只电压表，测量母线电压；在二次侧开口三角形绕组上接入一只过电压继电器，通过继电器再接信号装置。小电流接地系统绝缘监察装置用的三相五柱式电压互感器的每相电压分别为 $\dfrac{U_N}{\sqrt{3}}$、$\dfrac{100}{\sqrt{3}}$V、$\dfrac{100}{\sqrt{3}}$V。

2. 绝缘监察装置的工作原理

（1）在正常情况下，星形接线的二次绕组上的三只电压表显示三相母线的电压（相电压）；而开口三角形绕组在三相对称时其开口三角端子上没有电压，过电压继电器不动作。

（2）当发生单相接地时（如 A 相金属性接地）：此时 U_a ＝0V，U_b＝U_c＝$\sqrt{3}U_{ph}$，由图 5-20 可知，此时接开口三角形绕组的继电器线圈上的电压不再为零，而是开口三角形三绕组上电压的和

$$\dot{U}_V = \dot{U}_a + \dot{U}_b + \dot{U}_c = 3\dot{U}_0$$

即三倍零序电压（100V）。

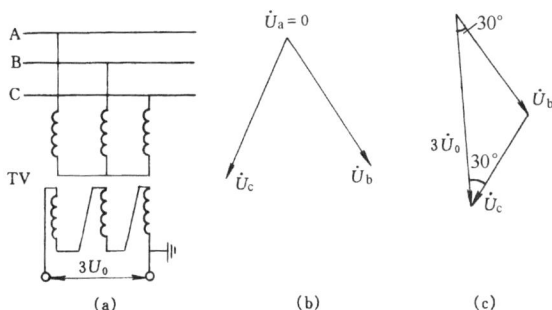

图 5-20　单相接地时开口三角形绕组上的电压分析

(a)接线图；(b)、(c)相量图

当接地是非金属性或经过渡电阻接地时,故障相电压不会下降到零,开口三角形绕组上电压也低于 100V,但当此电压高于继电器启动电压(一般整定为 15V)时,继电器动作,发出单相接地报警信号(灯光及音响信号)。值班人员可根据中央信号屏上三只电压表的指示,判断出故障相母线(故障相电压降低,非故障相电压升高),然后采用原始的顺序拉闸法或目前已有的小电流系统单相接地选线装置,找出接地故障线路。

3. 三相五柱式电压互感器的构成原理

三相三柱式普通电压互感器在电网发生单相接地时,由

于同相位的零序电流 I_0 产生同方向的零序磁通 Φ_0，在三个铁芯柱中不能形成回路，只能通过空气间隙和电压互感器的外壳构成通路，由于空气间隙和铁外壳磁阻大，所以零序励磁电流也很大，使绕组发热，甚至烧坏互感器。

三相五柱式电压互感器的结构如图 2-11 所示。当发生单相接地时，零序磁通可以通过辅助边柱构成回路，因此在一次绕组中流过的零序电流大大减少，不会出现三相三柱式电压互感器烧坏的情况。

第六章

输 电 线 路 保 护

对于 35kV 以下小电流接地系统的输配电线路保护，要求发生任何类型的相间短路时跳三相，并进行三相一次自动重合闸，一般配置电流速断、过电流保护及三相一次自动重合闸装置；对于单相接地故障，要求配置单相接地选线保护装置。当有两个以上电源并联运行时，为获得切除故障的选择性，要求电流保护具有方向性，即方向电流保护。对于双回平行输电线路，根据需要配置横差动保护。

对于大电流接地系统 110kV 环网输电线路，发生任何类型的相间、接地故障均要求切除三相，并进行检定重合闸装置，一般配置相间距离保护和反应接地故障的零序方向电流保护及检定重合闸装置。

对于大电流接地系统 220kV 以上的输电线路，在被保护线路上任一点发生任何类型的相间故障时，要求快速切除三相，并进行三相一次重合闸；在被保护线路上任一点发生单相接地短路时，要求快速切除故障相，并进行一次单相重合闸，如果重合在故障上，实行后加速跳三相切除故障。一般配置的主保护有高频闭锁相间距离保护、接地距离保护及零序方向电流保护和综合自动重合闸保护，还需配备相应的后备保护。对于 500kV 输电线路要求配备两套不同原理的快速保护，实现主保护"双重化"。

第一节　两段式过电流保护

　　两段式过电流保护原理如图 6-1 所示。该保护接在一个不完全星形接线的电流互感器的 A、C 两相上。Ⅰ段为时限电流速断保护，由电流继电器 KA1、KA2，时间继电器 KT1 和信号继电器 KS1 构成；Ⅱ段为过电流保护，由电流继电器 KA3、KA4，时间继电器 KT2 和信号继电器 KS2 构成。保护装置交流电流回路是由电流互感器的 A、C 两相分别引入的 4 个电流继电器的励磁线圈构成，其展开接线如图 6-2 所示。由直流母线＋连接的 4 个电流继电器触点、两个时间继电器和两个信号继电器构成的两段式过电流保护回路及其跳闸回路、信号回路，统称为直流回路，其展开接线如图 6-3 所示。现在分析各种情况下保护的动作行为。

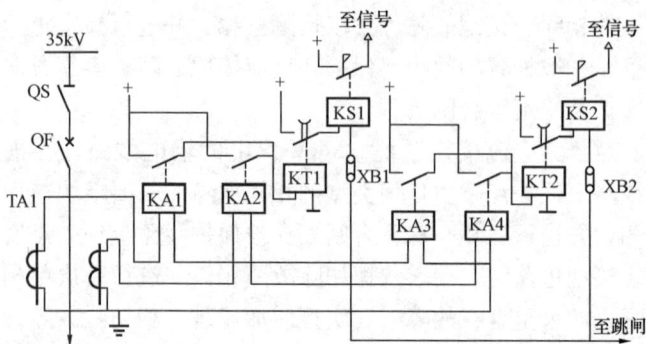

图 6-1　两段式过电流保护原理

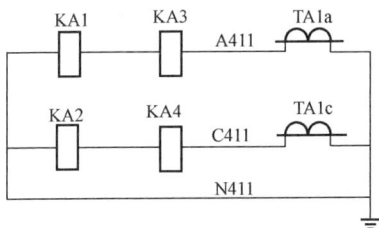

图 6-2 两段式过电流保护交流电流回路展开接线

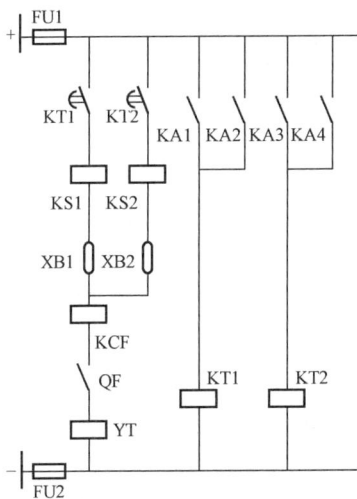

图 6-3 两段式过电流保护及其跳闸、
信号回路的直流回路展开接线图

1. 正常运行情况下

在线路正常运行情况下，线路上没有短路电流通过，因此连接在电流互感器二次侧的 KA1、KA2、KA3、KA4 的励磁线圈中也没有电流通过，继电器不动作；延时继电器 KT1、KT2 没有接通直流电源的＋、－母线，故保护不动作；由于跳闸回路、信号回路也没有接通直流电源，故均不动作。

2. 线路故障发生在Ⅰ段保护范围内时

当线路故障发生在Ⅰ段保护范围内时，线路上有短路电流通过，电流继电器 KA1、KA2、KA3、KA4 均瞬时动作，瞬时启动 KT1、KT2，由于 KT1 的延时定值小于 KT2 的，所以Ⅰ段保护先动作，接通跳闸回路，断路器跳闸并发出相应的动作信号。故障切除后，4 个电流继电器和 2 个时间继电器返回。Ⅰ段保护的动作程序为：＋(电源)→FU1→KA1(KA2)→KT1 线圈→FU2→ －(电源)，启动 KT1 经延时定值后，KT1 动合触点闭合，接通跳闸回路。其通路为：＋(电源)→FU1→KT1→KS1→XB1→KCF→QF→YT→FU2→ －(电源)，发跳闸脉冲，断路器跳闸切除故障，同时发出Ⅰ段时限电流速断保护动作信号。跳闸回路中的 KCF 为跳闸继电器，QF 为断路器及其辅助触点，YJ 为继电器的跳闸线圈。

3. 线路故障发生在Ⅱ段保护范围内Ⅰ段保护范围外时

当线路故障发生在Ⅱ段保护范围内Ⅰ段保护范围外时，短路电流不足以启动 KA1、KA2，Ⅰ段保护不动作；而足以启动Ⅱ段过电流保护，KA3、KA4 瞬时动作，启动 KT2，经过延时定值动作接通跳闸回路，断路器跳闸切除故障。其动作程序为：＋(电源)→FU1→KA3(KA4)→KT2 线圈→FU2→ －(电源)，启动时间继电器 KT2，其动合触点延时闭合接通以下回路：＋(电源)→FU1→KT2→KS2→XB2→KCF 线圈→QF→YT 线圈→FU2→ －(电源)，发跳闸脉冲，断路器跳闸切除故障，同时发出Ⅱ段过电流保护动作信号。

第二节 方向过电流保护

一、方向过电流保护构成原理

在双侧电源或单侧电源环形供电网络中，如图 6-4 所示，要求每条线路两端各装一台断路器，并配备相应的继电保护装置。对于这种网络结构，阶梯时限特性的过电流保护已不能满足选择性要求。若 k1 点发生短路时，为了快速切除故障元件，保护 2 应先于保护 3 动作；同样在 k2 点发生短路时，保护 3 则应先于保护 2 动作。这是因为过电流保护只反应电流的大小不反应电流的方向。为此需加装一个方向继电器，构成方向过电流保护，即可解决上述问题。现仍以图 6-4 中 k1、k2 点短路为例，分析方向过电流保护的动作行为：k1 点短路时，由左侧电源流出的短路电流只通过保

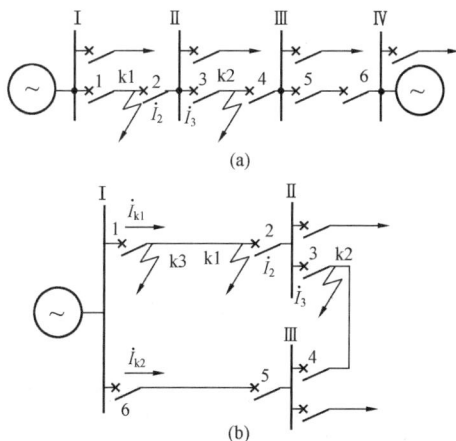

(a)

(b)

图 6-4 两种供电网络

(a) 两侧电源辐射网；(b) 单侧电源环形网

护 1，且由母线流向线路为正方向；而由右侧电源流出的短路电流通过保护 3 和 2，保护 3 感受反方向短路电流不动作，保护 2 流过正方向短路电流。因此，对线路Ⅰ-Ⅱ而言，两侧保护 1 和 2 均动作，有选择地切除故障线路。k2 点短路时，左侧电源流出的短路电流通过保护 1、2、3，保护 2 感受反方向短路电流不动作，保护 1 和 3 均感受正方向短路电流，但通过电流保护动作时间的配合保证保护 3 先于保护 1 动作；右侧电源流出的短路电流通过保护 5 和 4，保护 5 感受反方向短路电流不动作，保护 4 感受正方向短路电流动作，保证了切除故障线路Ⅱ-Ⅲ的选择性。

短路电流穿越非故障线路时，线路两侧的保护必有一侧感受其为正方向，另一侧感受其为反方向。这种情况同一般电流保护一样，保护动作的选择性是通过电流定值和动作时间的配合实现的。

二、方向过电流保护工作原理分析

方向过电流保护原理接线如图 6-5（a）所示。电流互感器采用 A、C 两相不完全星形接线，由此引出的 $\dot{I}_A$、$\dot{I}_C$ 分别加入电流启动元件 KAa、KAc，然后再分别串入方向元件 KWa 和 KWc 的电流线圈；方向元件 KWa、KWc 的电压线圈上分别加入母线电压 $\dot{U}_{bc}$、$\dot{U}_{ab}$。保护的交流电流回路和交流电压回路分别如图 6-5（b）、图 6-5（c）所示。启动元件动作后，分别为直流电源的正极引入属于同一相的方向元件 KWa 和 KWc 的触点处，这种连接叫按相启动，适用于小电流接地系统的相间保护，也适用于大电流接地系统的相间保护。下面分析正常运行及故障时保护的动作行为。

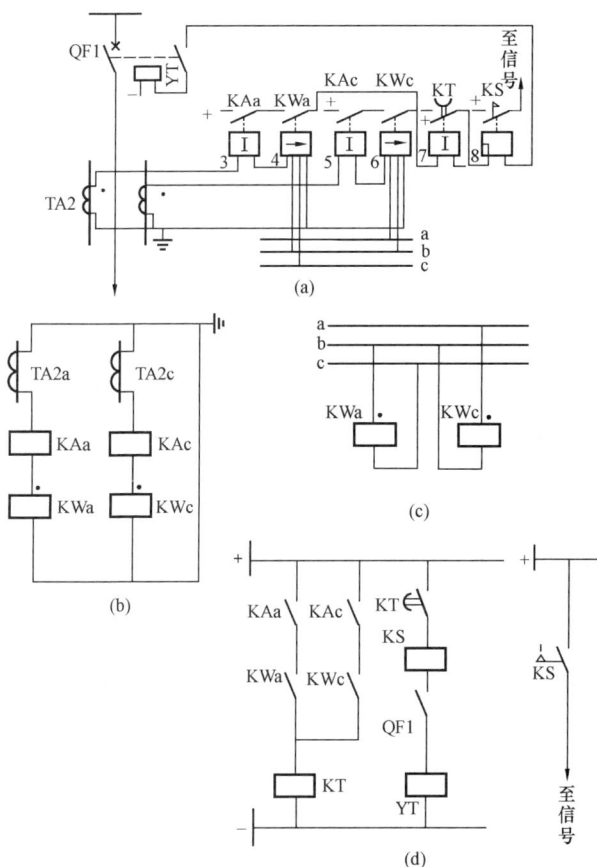

图 6-5 方向过电流保护二次回路图

(a) 原理接线图；(b) 交流电流回路展开接线图；

(c) 交流电压回路展开接线图；(d) 直流回路展开接线图

1. 正常运行情况下

正常运行情况下，没有短路电流通过交流电流回路，启动元件 KAa、KAc 不动作；方向元件 KWa、KWc 的电流线圈中无电流，电压线圈上加入额定相间电压，继电器处于制动（或平衡）状态，不动作。因此，直流电源未被接入保护动作回路，继电器 KT、KS 均不动作。

2. 线路发生 A、B 相短路

当线路发生 A、B 相短路时，C 相中没有短路电流通过，KAc、KWc 不动作；A 相的短路电流使 KAa、KWa 动作，触点 KAa、KWa 闭合后，接通直流电源，启动 KT、KS。其动作程序为：＋（电源）→KAa→KWa→KT 线圈→ －（电源），启动 KT，KT 动作后，其动合触点接通以下回路：＋（电源）→KT→KS→QF1→YT→ －（电源），接通跳闸回路，断路器跳闸切除故障，并发出相应动作信号。

3. 线路发生 A、C 相短路

当线路发生 A、C 相短路时，A、C 相中都有短路电流通过，KAa 和 KWa、KAc 和 KWc 同时动作，其动合触点闭合后，两条回路同时接通直流电源，启动 KT。其动作程序为：

＋（电源）─→KAa ─→KWa ─→KT 线圈─→ －（电源），启动 KT
　　　　└→KAc→KWc─┘

KT 动作后，其动合触点闭合接通以下回路：＋（电源）→KT（动合）→KS→QF1→YT→ －（电源），接通跳闸回路，断路器跳闸切除故障，并发出相应动作信号。

第三节　零序方向电流保护

一、零序方向电流保护构成原理

就构成原理而言，零序方向电流保护与方向过电流保护没有区别，只是方向过电流保护反应短路电流的方向，而零序方向电流保护则反应接地短路时短路电流中零序分量的方向。因此，必须首先从短路电流、电压中提取零序电流和零序电压，再加到零序方向电流保护中。一般情况下，相间距离保护和零序方向电流保护配套使用，公用一组三相电流互感器，在三相回路经过相间距离负载后，再接成零序电流过滤器。取得的零序电流，从正极性端子加入零序功率方向继电器 KWZ 电流线圈的正极性端，然后依次通过零序电流继电器 KAZ1、KAZ2、KAZ3 和 KAZ4。零序电压从电压互感器开口三角形取得，并从其正极性端 U_L 加入 KWZ 电压线圈的负极性端，这就是所谓的"$+I_0$、$-U_0$ 接线方式"，如图 6-6（a）所示。为便于改变保护的运行方式，在电流互感器上装了 5 个连接片 XBa、XBb、XBc、XB$'_0$ 和 XB0。若要求距离保护退出，而零序方向电流保护继续运行时，将连接片 XBa、XBb、XBc、XB$'_0$ 的"1"相连，然后断开 XBa、XBb、XBc 即可；若需要将零序方向电流保护退出，而距离保护继续运行时，只需将 XB$'_0$、XB0 的"1"相连，再断开 XB$'_0$、XB0 即可。

根据选择性的要求，四段零序电流保护可以全部带方向，也可以部分带方向、部分不带方向，一般是长时限动作段不带方向。图 6-6(b)中的I、II、III段带方向，IV段不带方向。

四段零序电流保护的动作时间是按阶梯原则整定的。I段为速动段，动作时间为 0s；II段的保护范围包括本线路和下条线路的一部分，整定动作时间应高出 I 段动作时间 $\Delta t = 0.5s$；III段保护与相邻线路的零序保护相配合，作为本线路的近后备和相邻线路的远后备保护；IV段作为III段的后备保护。

(a)

(b)

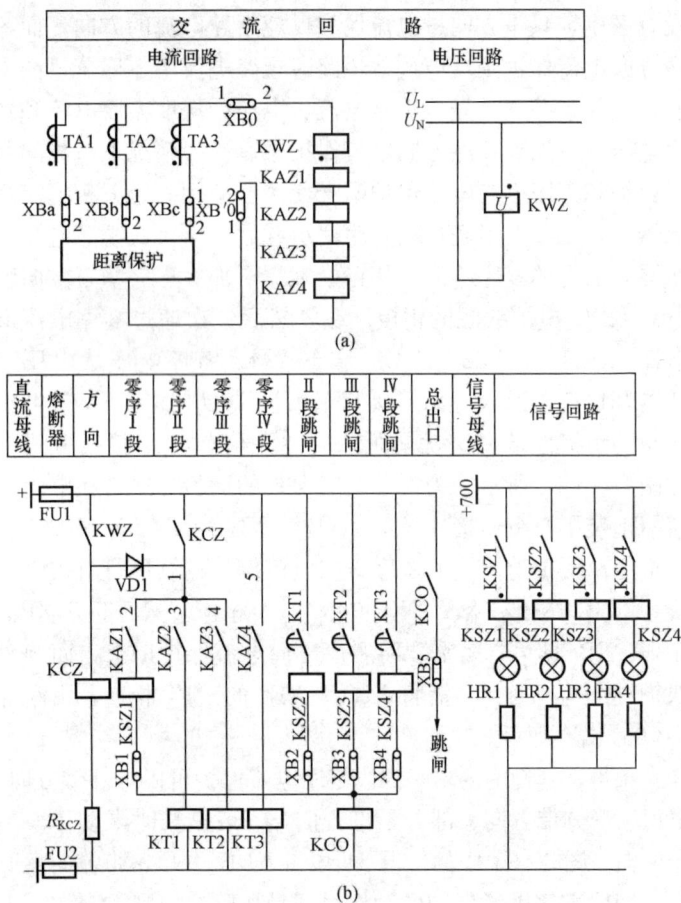

图 6-6 零序方向电流保护二次回路

（a）交流电路展开接线图；（b）直流回路展开接线图

二、四段零序方向电流保护动作行为分析

当线路发生接地短路时，零序电流过滤器输出的 $3I_0$ 通过 KWZ 的电流线圈和四段零序电流继电器电流线圈，零序

电压过滤器输出的 $3U_0$ 加在 KWZ 的电压线圈上，零序功率方向继电器动作。若接地短路发生在 I 段保护范围内，KAZ1、KAZ2、KAZ3、KAZ4 均动作，启动各段的时间继电器，准备动作跳闸。其中 KWZ 瞬时动作后，启动为增加触点数量和切断容量而专门设置的中间继电器 KCZ，称之为重动继电器。为减少 KCZ 对保护动作时间的影响，设有隔离二极管 VD1，零序功率方向继电器动作后，通过二极管立即旁路 KCZ 的触点。

在正常运行情况下，三相电压、电流对称，没有零序电压和零序电流产生，零序方向电流保护（零序电流信号继电器 KSZ）不动作。

当线路发生接地故障时，零序方向元件动作，四个电流继电器根据接地点位置的不同，可能全部动作，也可能只有几个动作。动作的继电器经方向闭锁或不经方向闭锁，立即接通各自的动作回路，经延时或不经延时发出跳闸脉冲切除故障，并发出相应的动作信号。保护的动作程序为：＋（电源）→FU1→KWZ→KCZ 线圈→R_{KCZ}→FU2→ －（电源），启动重动继电器 KCZ，通过 VD1 将直流电源“＋”加在端子“1”上，KCZ 的动合触点闭合。

I 段保护动作回路：＋（电源）→FU1→VD1（KCZ）→KAZ1→KSZ1→XB1→KCO 线圈→FU2→ －（电源），启动保护总出口继电器 KCO；＋（电源）→FU1→KCO→XB5，接通跳闸回路；＋700→KSZ1→HR1→FU2→ －（电源），发 I 段保护跳闸信号。

II 段保护动作回路：＋（电源）→FU1→VD1（KCZ）→KAZ2→KT1 线圈→FU2→ －（电源），启动时间继电器 KT1；＋（电源）→FU1→KT1→KSZ2→XB2→KCO 线圈→

FU2→ −（电源），启动保护总出口继电器 KCO；＋（电源）→FU1→KCO→XB5→接通跳闸回路；＋700→KSZ2→HR2→FU2→ −（电源），发Ⅱ段保护动作信号。

Ⅲ段保护动作回路：＋（电源）→FU1→VD1（KCZ）→KAZ3→KT2 线圈→FU2→ −（电源），启动时间继电器KT2；＋（电源）→FU1→KT2→KSZ3→XB3→KCO 线圈→FU2→ −（电源），启动保护总出口继电器 KCO；＋（电源）→FU1→KCO→XB5，接通跳闸回路；＋700→KSZ3→HR3→FU2→ −（电源），发Ⅲ段保护动作信号。

Ⅳ段保护动作回路：＋（电源）→FU1→KAZ4→KT3 线圈→FU2→ −（电源），启动时间继电器 KT3；＋（电源）→FU1→KT3→KSZ4→XB4→KCO 线圈→FU2→ −（电源），启动保护总出口继电器 KCO；＋（电源）→FU1→KCO→XB5，接通跳闸回路；＋700→KSZ4→HR4→FU2→ −（电源），发Ⅳ段保护动作信号。

第四节　距　离　保　护

一、距离保护概述

输电线路的电气参数是阻抗。线路越长，阻抗越大；线路越短，阻抗越小。因此，测量阻抗就是测量距离。所谓的距离保护就是测量保护安装处至故障点之间阻抗的保护，也可以说是测量保护安装处的电压 $\dot{U}_K$ 和电流 $\dot{I}_K$ 的比值 $Z_K = \dot{U}_K / \dot{I}_K$。当故障发生在保护安装处近端时，短路残压很低，短路电流很大，测量阻抗很小；当故障发生在远端时，短路电压较高，短路电流较小，测量阻抗较大。据此可在保证保护选择性的条件下，通过对动作定值的整定，预先确定保护的保护范围。距离保护一般设三个动作段：Ⅰ段保护线路的80%～85%，也叫瞬时动作段；Ⅱ段保护本线路全长和相邻线路的30%左右，为延时动作段；Ⅲ段保护本线路和相邻线路全长或更长，与相邻线路保护相配合，为后备保护动作段。距离保护接线原理如图6-7所示。

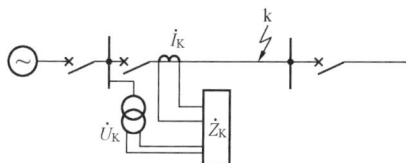

图 6-7 距离保护接线原理图

二、距离保护构成

距离保护由阻抗测量元件、启动元件和逻辑电路构成。

1. 阻抗测量元件

阻抗测量元件必须设置一个可将短路电压引进的中间电压互感器，也必须设置一个可将短路电流引进的电抗变压器。中间电压互感器按比例将引入电压变为适用于测量元件电压形成回路工作的电压；电抗变压器将引入电流变为适用于电压形成回路工作的电压降。通过上述变换后构成阻抗测量元件电压形成回路，实现了像"阻抗表"一样的测量功能。它像欧姆表一样，阻抗元件设置若干"挡"，不仅能测量阻抗的大小，而且还能测量阻抗角。

2. 启动元件

在正常运行情况下，距离保护处于准备工作状态，只有当电力系统发生故障时，才立即把保护投入工作状态。故障时把保护投入工作的元件就是启动元件。对启动元件的基本要求是反应各种类型故障的灵敏度要高、动作速度要快、动作范围要覆盖阻抗测量元件的保护范围。常用的启动元件有以下几种。

（1）采用距离保护的Ⅲ段兼作启动元件。它的动作特性为带下移度的圆特性，相对Ⅰ、Ⅱ段保护的方向阻抗特性而言，不仅在正方向能覆盖保护的动作范围，而且在反方向也有足够的动作范围，动作灵敏度也比Ⅰ、Ⅱ段保护高。

（2）启动元件的另一种构成原理是反应故障的特征量，一般采用负序电流或负序、零序分量的复合量。因为线路发生各种不对称短路时，都产生负序分量。发生不对称接地故障时，不仅产生负序分量，而且还产生零序分量，采用它们的复合量，增加了反应接地故障的灵敏度。这种启动元件动作灵敏度高，动作区可以覆盖距离保护的动作范围。其缺点是绝对三相对称短路时可能拒动。

（3）为解决三相对称短路拒动问题，可以采用电流突变量启动元件。系统正常运行时，三相电流是稳定的，没有电流突变量发生，启动元件不动作；当系统发生短路时，包括三相对称短路，在短路瞬间产生电流突变量，这个突变量立即被启动元件捕捉到，并瞬时动作，启动距离保护。

3. 逻辑电路

根据启动元件、阻抗测量元件给出的信息，进行分析、归纳、判断，决定保护动作与否的电路，称为逻辑电路，大致有以下几个功能：分析、判断保护正确动作的条件是否充分满足，决定各段的动作次序，是瞬时动作还是延时动作；分析判断是故障还是振荡，是故障保护动作跳闸，是振荡闭锁保护不动作；正确判断一次回路非全相、断路器拒动和二次电压回路断线等异常情况，正确决定自身的动作行为；发出与动作行为相应的就地和远方动作信号。

三、距离保护动作特性及影响正确工作的因素

距离保护经常采用圆动作特性，基本满足系统对保护的要求。但随着电网的扩大、电压等级的提高，超长和超短输电线路的出现，越来越多地暴露了圆动作特性躲系统振荡和过渡电阻能力差的弱点。

在电网越来越大的情况下，系统振荡是不容忽视的，特别是长线路距离保护的动作特性圆很大，测量阻抗进圆的几率增大，阻抗元件的误动作率也增大；在经过渡电阻短路时，圆动作特性躲过渡电阻的能力也很差，特别是在超高压输电线路的首端或末端经过渡电阻短路的情况下尤为严重，阻抗测量元件拒绝动作的可能性也越大。需特别指出的是，短线路经过渡电阻短路时比长线路更加严重，如不采取特殊技术措施，圆动作特性的距离保护就不能对短线路进行保护。这是因为短线路阻抗很小，动作特性圆也很小，与长线路相比，过渡电阻与线路阻抗的比例大大提高；超高压线路的阻抗角在 85°左右，动作特性圆与横轴相交部分很小，可近似地视为动作特性圆就在与横轴重合的切线上。所以阻抗圆动作特性在短线路保护问题上存在着固有缺陷，过渡电阻始终是影响距离保护正确工作的主要因素之一。

为了消除圆动作特性的缺陷，现代距离保护多采用向第四象限偏移的四边形动作特性，在躲振荡和反应过渡电阻能力方面比圆动作特性具有明显的优点。另外，还有椭圆动作特性，从躲振荡的角度看优点突出，而从反应过渡电阻能力看，其缺点又非常明显。在实践中还有各种复合特性，这是吸取以上两种动作特性的优点复合而成的，躲振荡和反应过渡电阻的能力均有较大提高。就单一特性而言，还是四边形特性为最好。

第五节　高频闭锁距离保护

一、高频保护的基本概念

为了满足超高压电力系统的动态稳定性，对超高压输电线路主保护的基本要求是动作的快速性。当被保护线路任一点发生任何类型的故障时，要求线路两侧的主保护均能瞬时快速切除故障，一般要求线路主保护的整组动作时间不大于 $0.02 \sim 0.04s$。前面介绍的电流保护、零序方向电流保护和距离保护等，都是按反应线路一侧电气量原理构成的。由于保护测量元件、电流互感器、电压互感器、输电线路和短路点弧光电阻等因素的误差影响，使得这些保护的瞬时动作段保护范围只能保护线路全长的 $80\% \sim 85\%$，剩下的 20% 左右需要带时限的 II 段来保护，以保证保护动作的选择性。如此说来，线路两端都有 20% 左右的 II 段延时动作区，只有 60% 左右的中间段为瞬时动作区。由此可见，这些只反应线路一侧电气量的保护，不能满足线路上任一点发生故障两侧保护瞬时动作切除故障的要求，它们只能充当后备保护使用。而按同时比较线路两侧电气量原理构成的保护，可以满足线路上任一点故障瞬时切除故障的要求。这种保护的动作行为不仅取决于本侧电气量的变化，还取决于对侧电气量的变化。也就说只有两侧电气量经过同时比较后，才能决定保护动作与否。要实现同时比较两侧的电气量，必须把对端电气量送到本端，传送对端电气量是通过高频信号实现的，因此称这种原理的保护为高频保护。目前使用较为广泛的有同时比较两侧电流相位差的相差高频保护；同时比较两侧方向阻抗或功率方向（零序或负序方向）动作行为的高频方向保护。

同时比较两端电流的相位差，就是同时比较线路内、外部故障时两端故障电流的相位差。在被保护线路内部故障时，线路两侧的故障电流都由母线流向线路，均为正方向，它们之间的相位差在理想情况下为 0°；而在线路外部发生故障时，一侧由母线流向线路（正方向），而另一侧则由线路流向母线（反方向），它们之间的相位差在理想情况下为 180°，这就是相差高频保护的判据。当比相结果为 0°时，证明是内部故障，两侧保护瞬时动作切除故障；如果比相结果为 180°时，证明是外部故障，两侧保护都不动作。

同时比较两侧方向阻抗元件的动作行为，就是比较线路内、外部故障时，两侧方向阻抗元件的动作与否。用于该保护的方向阻抗元件动作特性具有明确的方向性，保护范围要求覆盖本线路的全长和相邻线路的一部分，称为超范围式保护。一般由距离保护的 Ⅱ 段或 Ⅲ 段兼作。当线路内部故障时，两侧方向阻抗元件均感受故障在正方向，都动作；当线路外部故障时，一侧方向阻抗元件感受正方向动作，另一侧则感受为反方向不动作。这就是高频距离保护的判据。当线路发生故障时，两侧方向阻抗元件都动作时，判定为内部故障，两侧保护瞬时动作切除故障；若一侧方向阻抗元件动作，另一侧则不动作时，判为外部故障，两侧保护都不动作。

利用经过高频加工的输电线路兼作传送对侧电气量或方向元件动作行为信息的高频通道为电力线载波通道；利用微波传送这些信息的通道为微波通道。高频保护有"允许式"和"闭锁式"两种，下面以"同时比较两侧方向阻抗元件动作行为"为例，说明"允许式"及"闭锁式"高频方向保护的实现方法。

1. 允许式高频距离保护

在保护线路两端各安装一套高频收发信机，M 侧发信机 GFXM 的发信频率为 f_M，N 侧发信机 GFXN 的发信频率为 f_N。每侧发信机发信与否只受本侧方向阻抗元件控制，方向阻抗元件动作发信机发信，方向阻抗元件不动作不发信。本侧收信机只接收对侧发信机的信号，也就是说 N 侧收信机只接收 M 侧发信机的信号，N 侧收信机的接收频率为 f_M；M 侧收信机只接收 N 侧发信机信号，接收频率为 f_N，如图 6-8 所示。当 M 侧 GSXM 收到 N 侧频率为 f_N 的高频信号时，表明 N 侧方向阻抗元件 $2Z'_N$ 动作，反之 M 侧收不到 N 侧高频信号时，说明 N 侧方向阻抗元件不动作；若 N 侧 GSXN 收到 M 侧频率为 f_M 的高频信号时，说明 M 侧的方向阻抗元件 $2Z'_M$ 动作，反之，若 N 侧收不到 M 侧的高频信号时，说明 M 侧方向阻抗元件不动作。为实现同时比较两端方向阻抗元件 $2Z'_M$ 和 $2Z'_N$ 的动作状态而设置了

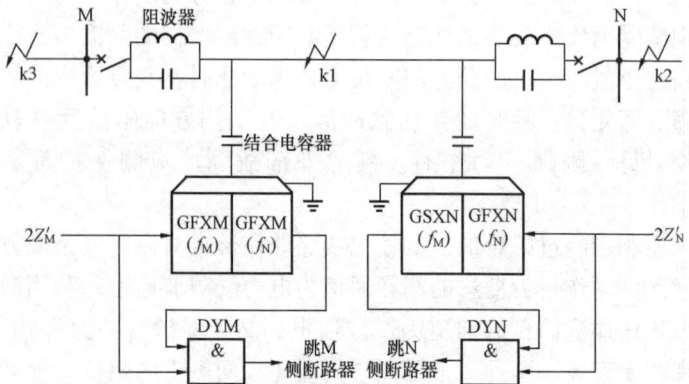

图 6-8　允许式高频距离保护构成原理图

"与"门元件 DYM 和 DYN。当线路内部 k1 点故障时，两侧的方向阻抗元件 $2Z'_M$、$2Z'_N$ 都为［1］态，启动相应发信机发信，并将相应的动作状态发往对侧，对侧收信机接收到高频信号后，分别在 DYM 和 DYN 中同时比较 $2Z'_M$、$2Z'_N$ 的动作行为，两个"与"门的两个输入端均为［1］，DYM、DYN 动作，分别跳开 M、N 两侧断路器，切除故障。其动作程序如下：

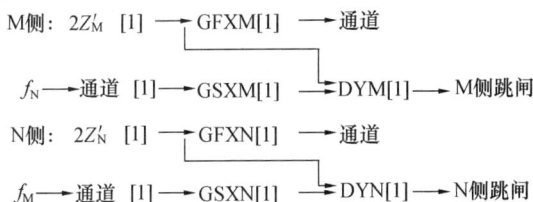

M侧：$2Z'_M$ ［1］── GFXM[1] ── 通道

f_N ── 通道 ［1］── GSXM[1] ── DYM[1] ── M侧跳闸

N侧：$2Z'_N$ ［1］── GFXN[1] ── 通道

f_M ── 通道 ［1］── GSXN[1] ── DYN[1] ── N侧跳闸

线路外部 k2 点短路时，$2Z'_M$ 为［1］态，发信机 GFXM 发信；$2Z'_N$ 为［0］态，发信机 GFXN 不发信。M 侧收信机没有收到对侧的高频信号，GSXM 为［0］态；而 N 侧收信机收到对侧高频信号，GSXN 为［1］态。两侧的 DYM 和 DYN 均为［0］，保护不动作。其动作程序如下：

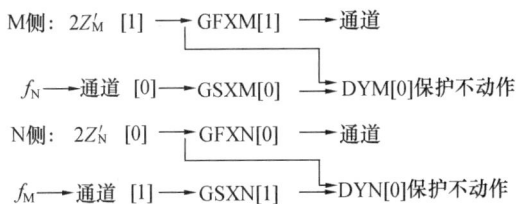

M侧：$2Z'_M$ ［1］── GFXM[1] ── 通道

f_N ── 通道 ［0］── GSXM[0] ── DYM[0]保护不动作

N侧：$2Z'_N$ ［0］── GFXN[0] ── 通道

f_M ── 通道 ［1］── GSXN[1] ── DYN[0]保护不动作

2. 闭锁式高频距离保护

闭锁式高频距离保护的构成原则，与"允许式"恰好相反。当线路上发生故障时，任一侧的收信机以接收不到高频信号作为高频保护动作的必要条件，如果收信机接收到高频信号，则闭锁高频保护不动作。发信机的工作状态，仍受方向阻抗元件动作行为的控制，与"允许式"不同的是：方向元件不动作为［0］态时，发信机发信；方向阻抗元件动作为［1］态时，发信机停止发信。所以发信机仍以高频信号表达方向阻抗元件的动作行为。两侧收、发信机采用相同的工作频率，所以本侧收信机不但可以接收本侧发信机发送的高频信号，而且也可以接收本侧发信机发送的高频信号。其简明原理方框图如图 6-9 所示。为实现方向阻抗元件不动作启动发信机发信的要求，在两侧方向阻抗元件 $2Z'_M$ 和 $2Z'_N$ 的输出端分别增加"非"门 DFM1 和 DFN1，而两侧收信机接收不到高频信号是保护动作的必要条件，因此在两侧 GSXM 和 GSXN 的输出端分别增设"非"门 DFM2 和 DFN2。现根据原理构成图，分析在各种情况下保护的动作行为。

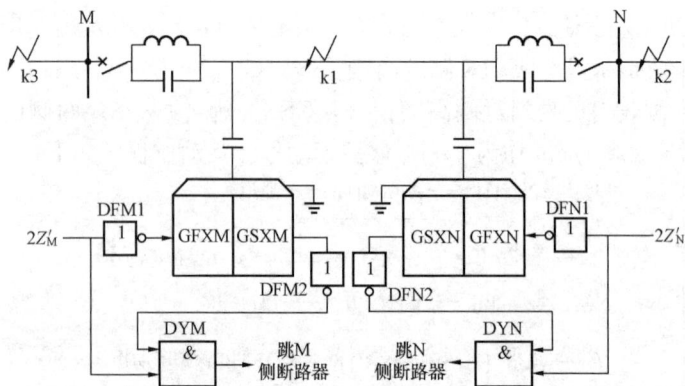

图 6-9　闭锁式高频距离保护构成原理图

在正常运行情况下，方向阻抗元件 $2Z'_M$、$2Z'_N$ 均为［0］态，DFM1、DFN1 无输入而有输出，两侧 GFXM、GFXN 发信，两侧 GSXM、GSXN 收到高频信号均动作，

DFM2、DFN2 有输入而无输出，DFM、DFN 的两个输入
端均为［0］态不动作。这种闭锁方式与"允许式"不同
的是，正常运行情况下一直处在发信状态，动作程序
如下：

M侧：$2Z'_M$ ［0］ ⟶ DFM1[1] ⟶ GFXM[1] ⟶ 通道
⟶ GSXM[1] ⟶ DFM2[0] ⇥ DYM[0]

N侧：$2Z'_N$ ［0］ ⟶ DFN1[1] ⟶ GFXN[1] ⟶ 通道
⟶ GSXN[1] ⟶ DFN2[0] ⇥ DYN[0]

　　k1 点内部故障时，两侧的方向阻抗元件 $2Z'_M$、$2Z'_N$ 均
动作，两侧的发信机均停止发信，因此两侧的收信机都收不
到高频信号，不动作，收信机的输出"非"元件 DFM2、
DFN2 无输入而有输出，对 DYM、DYN 开放高频闭锁跳开
两侧断路器，切除故障。

M侧：$2Z'_M$ ［1］ ⟶ DFM1[0] ⟶ GFXM[0] ⟶ 通道
⟶ GSXM[0] 　 DFM2[1] ⇥ DYM[1]

N侧：$2Z'_N$ ［0］ ⟶ DFN1[0] ⟶ GFXN[0] ⟶ 通道
⟶ GSXN[0] ⟶ DFN2[1] ⇥ DYN[1]

　　k2 点外部故障时，不在 N 侧方向阻抗元件的保护范围
内，$2Z'_N$ 为［0］态，GFXN 发信；对 M 侧而言，则在方
向阻抗元件的保护范围内，$2Z'_M$ 为［1］态，发信机 GFXM
停信。但是 GFXN 发送的高频信号既被本侧接收又被对侧

所接收，两侧收信机都处在动作状态，闭锁线路两侧的
DYM 和 DYN，不动作。

M侧： $2Z'_M$ [1] ——→ DFM1[0] ——→ GFXM[0] ——→ 通道

└——→ GSXM[1] ——→ DFM2[0] ┬→ DYM[0]

N侧： $2Z'_N$ [0] ——→ DFN1[1] ——→ GFXN[1] ——→ 通道

└——→ GSXN[1] ——→ DFN2[0] ┬→ DYN[0]

3. 短时发信式高频闭锁距离保护构成原理

在高频保护的基本概念中，闭锁式距离保护在正常运行情况下，发信机一直处在发信状态的称为"长发信"方式。"长发信"方式保护具有动作速度快等优点，但长时发信容易对系统其他通信造成干扰，致使发信机等高频设备寿命缩短、功率损耗增大。因此在实际应用中多采用"短时发信"方式。所谓短时发信，就是在正常运行情况下不发信，只有在发生故障时才发信，故障消失后恢复到停信状态。为此需要增加一个故障起信元件，一般都由距离保护启动元件兼作。然后由方向阻抗元件的动作行为控制发信机停信，此时方向阻抗元件兼作"停信元件"。由此即可构成由起信元件和停信元件共同控制发信机启停的"短时发信"高频闭锁距离保护，如图 6-10 所示。图中"DYFK"为发信机控制的"与"门，它受 $\Delta L_{\Sigma stl}$、$2Z'_M$ 和 $2Z'_N$ 控制。$\Delta L_{\Sigma stl}$ 是距离保护的低定值启动元件，第二个控制端为"长发信"方式时方向阻抗元件和"非"一起组成的控制端。"DYhq"为高频速跳"与"门，当高频闭锁开放，停信元件动作时，DYhq 瞬时动作，0s 切除故障。

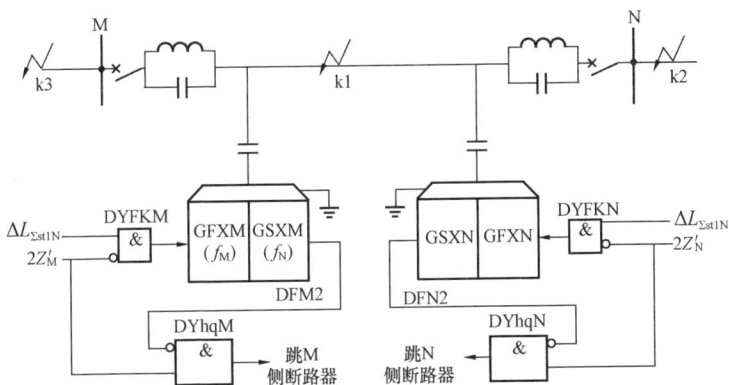

图 6-10 短时发信方式高频闭锁距离保护构成原理图

（1）在正常运行情况下。

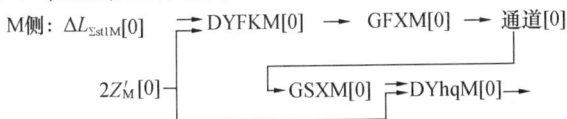

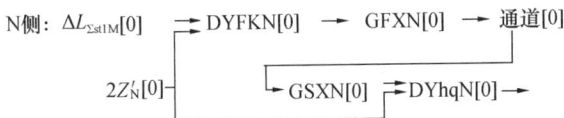

M侧：$\Delta L_{\Sigma st1M}[0] \longrightarrow$ DYFKM[0] $\longrightarrow$ GFXM[0] $\longrightarrow$ 通道[0]

$2Z'_M[0] \longrightarrow$ GSXM[0] $\longrightarrow$ DYhqM[0] $\longrightarrow$

N侧：$\Delta L_{\Sigma st1M}[0] \longrightarrow$ DYFKN[0] $\longrightarrow$ GFXN[0] $\longrightarrow$ 通道[0]

$2Z'_N[0] \longrightarrow$ GSXN[0] $\longrightarrow$ DYhqN[0] $\longrightarrow$

（2）k1 点内部故障。两侧发信机停信，收信机收不到高频信号，开放 DYhqM、DYhqN 的高频闭锁，快速切除故障。

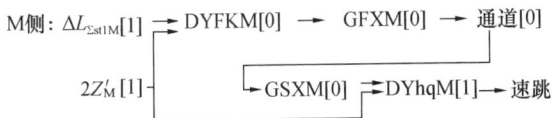

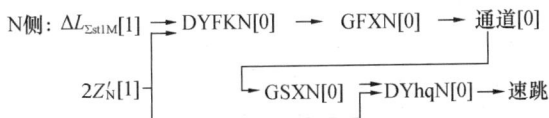

M侧：$\Delta L_{\Sigma st1M}[1] \longrightarrow$ DYFKM[0] $\longrightarrow$ GFXM[0] $\longrightarrow$ 通道[0]

$2Z'_M[1] \longrightarrow$ GSXM[0] $\longrightarrow$ DYhqM[1] $\longrightarrow$ 速跳

N侧：$\Delta L_{\Sigma st1M}[1] \longrightarrow$ DYFKN[0] $\longrightarrow$ GFXN[0] $\longrightarrow$ 通道[0]

$2Z'_N[1] \longrightarrow$ GSXN[0] $\longrightarrow$ DYhqN[0] $\longrightarrow$ 速跳

（3）k2 点外部故障。N 侧外部故障，GFXN 发信闭锁 DYhqM、DYhqN 不动作。

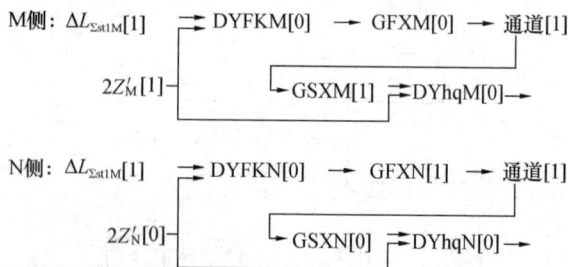

M侧：$\Delta L_{\Sigma st1M}[1]$ ⟶ DYFKM[0] ⟶ GFXM[0] ⟶ 通道[1]

$2Z'_M[1]$ ⟶ GSXM[1] ⟶ DYhqM[0] ⟶

N侧：$\Delta L_{\Sigma st1M}[1]$ ⟶ DYFKN[0] ⟶ GFXN[1] ⟶ 通道[1]

$2Z'_N[0]$ ⟶ GSXN[0] ⟶ DYhqN[0] ⟶

二、LFP－901/902A（C）型超高压线路成套快速保护装置

1. 装置的应用

装置是由微机实现的数字式超高压线路成套快速保护装置。装置包括以工频变化量方向元件和零序方向元件为主体的快速主保护，由工频变化量距离元件构成的快速Ⅰ段保护，由三段式相间和接地距离保护及两个延时段零序方向过电流保护构成全套后备保护。

2. 装置的性能特征

（1）装置有三个独立的单片机。

1）CPU1 为装置的主保护，由工频变化量方向继电器和零序方向继电器经通道配合构成全线路快速跳闸保护，由Ⅰ段工频变化量距离继电器构成快速独立跳闸保护，由两个延时零序方向过流段构成接地后备保护。CPU2 为三段式相间和接地距离保护，以及重合闸逻辑。CPU3 为启动和管理机，内设整机总启动元件，该启动元件与方向和距离保护在电子电路上（包括数据采集）完全独立，动作后开放保护出口电源。另外 CPU3 还作为人机对话的通信接口。保护跳闸，整组复归后，CPU3 接收 CPU2 来的电压电流信号，进行测距计算。

2）CPU1 和 CPU2 分别作为主保护及后备保护，功能独立，又互相补充。

（2）装置除设置了独立的启动元件外，方向和距离保护内均设有本保护的启动元件，构成独立完整的保护功能。启动元件的主体是反应工频变化量的过电流继电器，同时又配以反应全电流的零序过电流继电器，二者互相补充。

（3）装置中反应工频变化量的启动元件和 CPU1 中的选相元件及方向元件均采用浮动门槛。正常运行及系统振荡时变化量输出回路的不平衡输出均自动构成自适应门槛，浮动门槛电压始终略高于不平衡电压，正常运行情况下平衡分量很小而装置的灵敏度很高。当系统振荡时，自动降低灵敏度，不需要设置专门的振荡闭锁回路。

（4）距离保护性能。继电器正序电压极化，因而有较大的测量故障过渡电阻的能力。当用于短线路时，为了进一步提高测量过渡电阻的能力，还可将Ⅰ、Ⅱ段阻抗特性向第Ⅰ象限偏移。接地距离继电器具有零序电抗特性，可防止接地故障时继电器超越。

当正序极化电压较高时，正序电压极化的距离继电器有很好的方向性；当正序电压下降到 15％时，进入三相低压程序，由于正序电压记忆量极化，且在继电器动作前设置了正门槛，因此母线三相故障时继电器不可能失去方向性。继电器动作后则改为反门槛，保证正方向三相故障继电器动作一直保持到故障切除。而进入低压程序时Ⅲ段继电器采用反门槛，因而三相短路Ⅲ段稳态特性包含原点，不存在电压死区。

(5) 振荡闭锁分为四部分。

1) 启动元件第一次动作初始开放 160ms，保证正常运行下突然发生故障时能快速开放。

2) 不对称故障时开放元件 L02Q，保证在任何不对称故障时能快速开放。

3) 三相故障时，由对称故障开放元件开放，以 $U\cos\varphi$（U 为测量电压，可取 U_A，U_B 或 U_C）为依据，该电压在系统振荡时反应振荡中心的电压，在三相短路时反应弧光压降，在三相短路第一部分振荡闭锁不能开放时，可由本元件经短延时开放。

4) 非全相运行情况下再故障时，可由反应零、负序电流相位的元件开放健全相接地故障，由反应健全两相电流差的工频变化量的过电流继电器开放健全相相间故障。

以上四部分结合，保证了距离保护在各种故障情况下的快速开放。

(6) 自动重合闸部分。自动重合闸用于单、双母线方式，可选用单相重合或综合重合的方式，可根据故障的严重程序引入闭锁重合闸的方式。重合闸的启动有保护启动和开关位置不对应两种。

3. 装置整体方案

装置整体方案如图 6-11 所示。

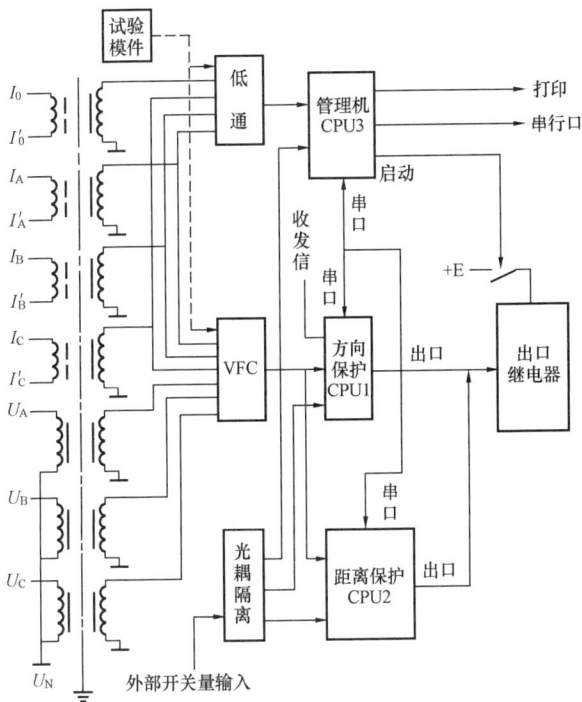

图 6-11 装置整体方案

第七章

变 压 器 保 护

变压器是电力系统中最重要的电气设备之一，保证其正常安全运行，对电力系统持续可靠供电起着举足轻重的作用。因此，对重要发电厂、变电站的主变压器，除采用技术先进、制造精良的产品外，还要配置技术先进、动作可靠的整套继电保护系统，以确保发生各种类型故障时将损失和影响降到最低限度。变压器保护按常规一般配置气体保护、电流速断保护、差动保护、零序电流保护、后备过电流保护和过负荷保护等，还可根据特殊要求加装相应的保护装置。

第一节 气 体 保 护

气体保护（原称瓦斯保护）与其他保护不同之处在于，它是一种反应非电气量的保护，具有原理简单、动作可靠、价格便宜等突出优点，一直以来得到了广泛应用。

气体（瓦斯）继电器安装在变压器油箱与储油柜之间的连接管中。当变压器内部发生短路时，短路电流使油箱中的油变热膨胀，产生的瓦斯气体沿连接管经气体继电器向储油柜中流动。当气体达到一定数量时，气体继电器的挡板被冲动，并向一方倾斜，带动继电器的触点闭合，接通跳闸或信号回路，如图 7-1 所示。气体继电器 KG 的上触点为轻瓦斯保护，接通后发信号；下触点为重瓦斯保护，触点闭合后经信号继电器 KS、连接片 XB 启动中间继电器 KCO，KCO动作后两对触点闭合，分别经断路器 QF1、QF2 的辅助触

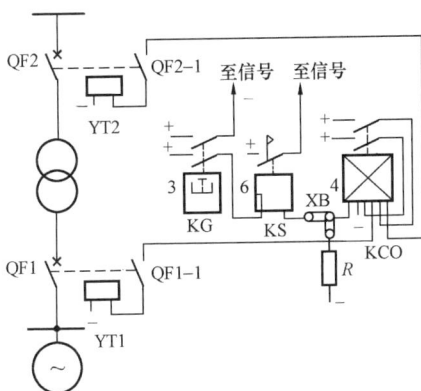

图 7-1 气体（瓦斯）保护原理接线图

点接通各自的跳闸回路，跳开变压器两侧的断路器。动作程序为：

　　＋（电源）→KG→KS→XB→KCO 线圈→－（电源），启动 KCO；

　　＋（电源）→KCO→QF1-1→YT1→－（电源），跳 QF1；

　　＋（电源）→KCO→QF2-1→YT2→－（电源），跳 QF2。

当要求瓦斯保护只发信号不跳闸时，可把连接片 XB 压接在与电阻 R 接通的位置上。YT1、YT2 分别为断路器 QF1、QF2 的跳闸线圈。

第二节　电流速断保护

气体（瓦斯）保护只能保护变压器内部故障，而变压器套管以外的短路故障要靠电流速断保护和主保护差动保护去切除。通常，对于小容量变压器（单台容量在 7500kVA 以

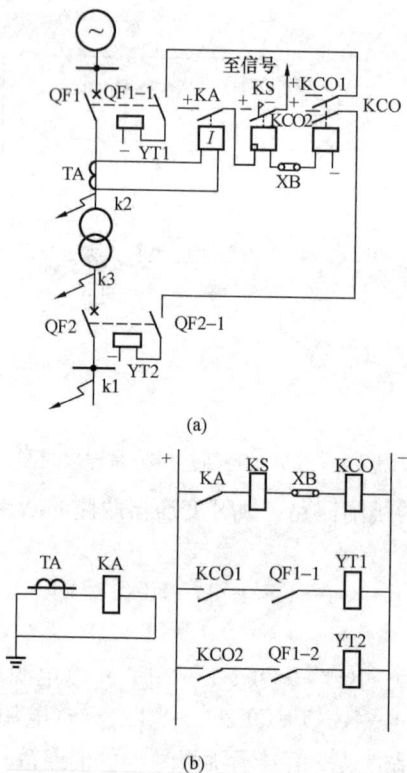

(a)

(b)

图 7-2　变压器电流速断保护原理接线

（a）原理图；（b）展开图

下）只配置电流速断保护；对于大容量变压器，则必须配置差动保护。电流速断保护一般只装在供电侧，动作电流按躲过变压器外部故障（如 k1 点）的最大短路电流整定，动作灵敏度则按保护安装处（k2 点）发生两相金属性短路时流过保护的最小短路电流校检。

当变压器发生短路时，短路电流大于保护动作定值，电流继电器 KA 动作，经信号继电器 KS 启动出口中间继电器 KCO。KCO 动作后，两对触点分别经变压器两侧断路器 QF1、QF2 的辅助触点接通跳闸回路，跳开 QF1、QF2，切除故障，如图 7-2 所示。动作程序为：

+（电源）→KA→KS→KCO→—（电源），启动 KCO；

+（电源）→KCO1→QF1-1→YT1→—（电源），跳 QF1；

+（电源）→KCO2→QF2-1→YT2→—（电源），跳 QF2。

第三节　过电流保护

变压器的主保护为差动保护、瓦斯保护，电流速断保护和过电流保护为后备保护。过电流保护装在电源侧，当动作灵敏度不够时，可加低电压闭锁，因此过电流保护有不带电压闭锁和带电压闭锁两种。

一、不带电压闭锁的过电流保护

过电流保护的测量元件为电流继电器 KA，延时元件为时间继电器 KT，保护构成原理如图 7-3 所示。当短路电流达到或超过电流继电器的动作定值时，KA 动作并启动延时元件 KT，经给定的延时，KA 的动合触点闭合，经信号继电器 KS 启动中间继电器 KCO。KCO 的两对触点闭合后，分别跳开变压器两侧的断路器 QF1、QF2，见直流展开图

7-3(b)。保护动作程序为：

+（电源）→KA→KT 线圈→-（电源），启动 KT；

+（电源）→KT→KS→XB→KCO 线圈→-（电源），启
动 KCO；

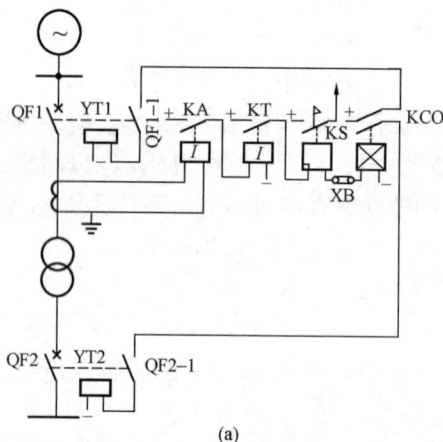

(a)

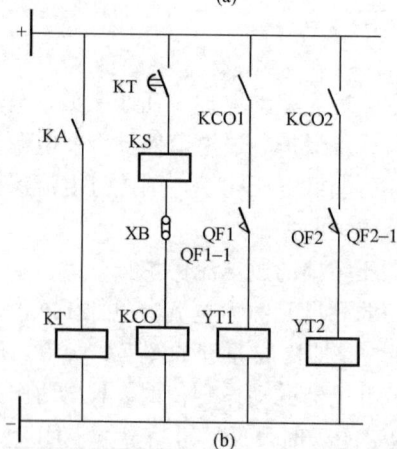

(b)

图 7-3 不带低电压闭锁的过电流保护原理接线

（a）原理图；（b）展开图

+（电源）→KCO1→QF1-1→YT1 线圈→-（电源），跳开 QF1；

+（电源）→KCO2→QF2-1→YT2 线圈→-（电源），跳开 QF2。

二、带低电压闭锁的过电流保护

过电流保护有了低电压闭锁后，其动作值不必再按躲过最大负荷电流整定，而可以按变压器的额定电流整定，以提高过电流继电器的动作灵敏度。当变压器通过最大负荷电流时，过电流继电器可能动作，但由于电压降低不大，不足以使低电压（一般为 $60\%U_N \sim 70\%U_N$）继电器动作，闭锁过电流保护不动作。其直流回路展开接线如图 7-4 所示。

在过电流保护的动作回路中，低电压继电器的动断触点 KV 和过电流继电器的动合触点 KAa（或 KAb、KAc）为串联接线方式。当电压高于低电压继电器动作值时，继电器仍处在励磁状态，其动断触点断开，即使过负荷电流使过电流继电器动作，其动合触点闭合，也不能接通保护的动作回路。如果发生相间短路，电压突然大幅度下降，则低电压继电器 KV 失磁动作，其动断触点闭合，同时电流突然大幅度升高，过电流继电器动合触点闭合，接通保护的动作回路，并启动时间继电器 KT。经给定延时后 KT 动作，接通跳闸回路，跳开变压器两侧断路器 QF1、QF2。保护动作程序为：

+（电源）→KV→KA→KT 线圈→-（电源），启动 KT；

+（电源）→KT→KS→XB1→KCO 线圈→-（电源），启动 KCO；

+（电源）→KCO1→XB2→QF1-1→YT1→-（电源），

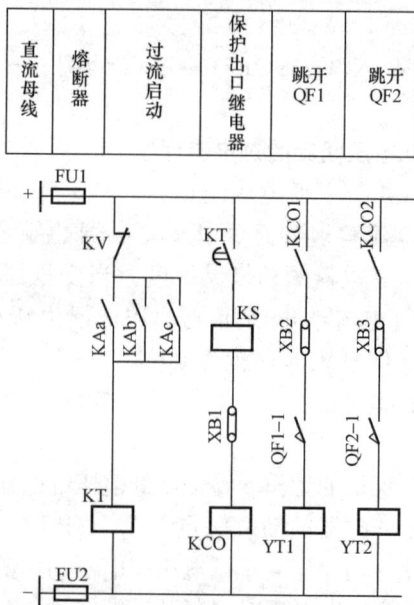

图 7-4　带低电压闭锁的过电流保护
直流回路展开接线

跳开 QF1；

　　＋(电源)→KCO2→XB3→QF2-1→YT2→－(电源)，
跳开 QF2。

第四节　三绕组变压器保护装置

　　现以三绕组变压器的保护装置为例，分析说明变压器保护的配置及工作情况。

一、一次接线

由图 7-5 可见，三绕组变压器的高、中、低三侧的电压等级分别为 110、35、10kV。110kV 侧中性点接地，并在中性点与大地之间安装零序过电流保护；35kV 侧中性点不接地，为小电流接地方式；10kV 侧为三角形接线。110kV、

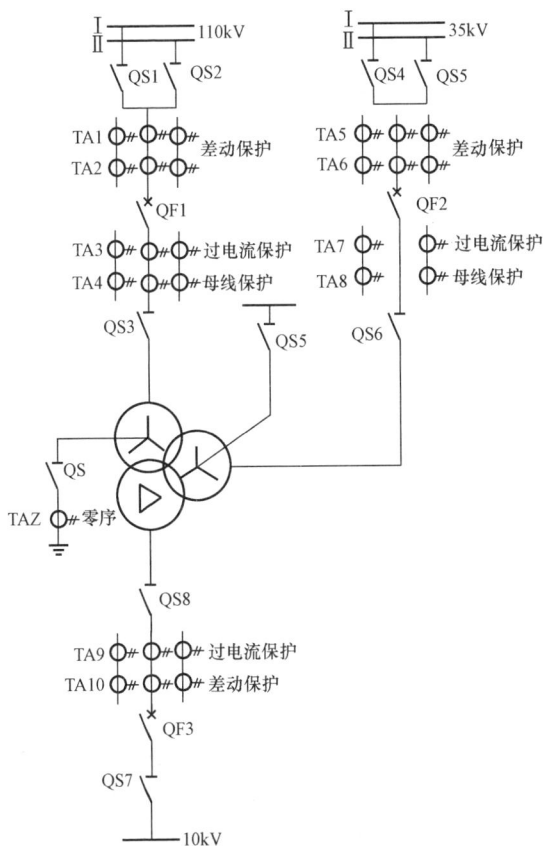

图 7-5　三绕组变压器的一次接线及二次回路接线全图

35kV 侧均接双母线，10kV 侧接单母线。

二、继电保护配置

变压器的主保护配置有纵联差动保护 KD 和瓦斯保护 KG，高、中压侧安装了带复合电压闭锁的过电流保护，低压侧则安装了不带电压闭锁的过电流保护，如图 7-6 和图 7-7 所示。变压器保护的配置方案，按动作快慢可分为三个层次。

（1）第一个层次是瞬时动作保护，即纵联差动保护和瓦斯保护，在变压器发生故障的瞬时动作，同时跳开高、中、低压侧的断路器，并切除故障。

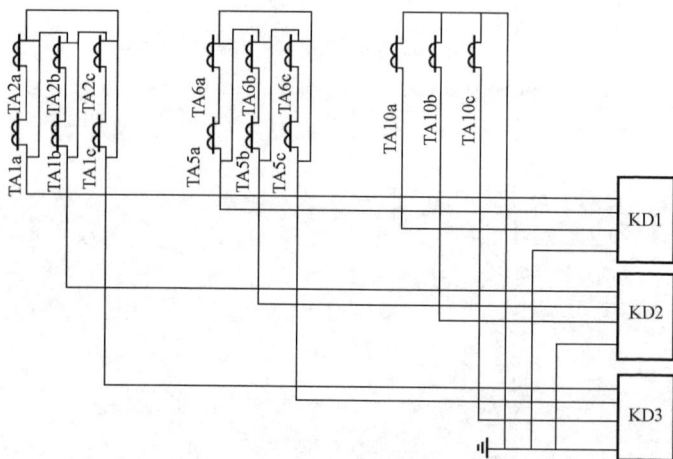

图 7-6　三绕组变压器纵联差动保护的交流回路

（2）第二个层次是高压侧的带复合电压闭锁的过电流保护，中压侧的带复合电压闭锁的方向过电流保护及低压侧的不带电压闭锁的过电流保护，它们的共同特点是保护的动作时间均为两段式。切母联断路器的时间较短，切本侧断路器

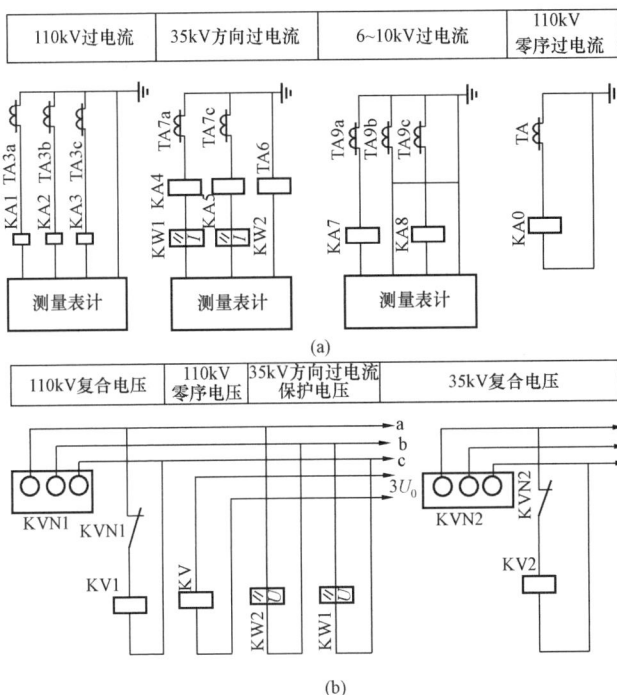

110kV过电流	35kV方向过电流	6~10kV过电流	110kV零序过电流

(a)

110kV复合电压	110kV零序电压	35kV方向过电流保护电压	35kV复合电压

(b)

图 7-7　三绕组变压器过电流保护的交流回路

(a) 交流电流回路；(b) 交流电压回路

的时间较长，两段的时间差一般为 0.5s。另外，高压侧还有一套带零序电压闭锁的零序过电流保护，也有两个时间段，也属第二层次。设置这套保护的原因是，当高压侧线路发生接地短路时，由于某种原因故障未被瞬时切除，则可通过这套保护延时将故障切除。若变电所为两台变压器并联运行，一台中性点接地，另一台中性点不接地，为减少不接地变压器的损伤，可首先用较短时间将其断开，再用较长时间断开接地的变压器。

（3）第三个层次是中压侧的带复合电压闭锁的过电流保护，它的动作时间比第二个层次又高出一个时间差。当变压器内部故障时，第一、二层次保护拒动时，它将以更长时间动作，跳开高、中、低压侧断路器，切除故障。

另外，需要指出高、中压侧带复合电压闭锁的过电流保护中的复合电压，是负序电压和低电压的复合。在 110kV 和 35kV 的复合电压回路中，低电压继电器 KV1 和 KV2 分别受负序电压继电器动断触点 KVN1 和 KVN2 的控制。在正常运行情况下，负序电压为零，负序电压继电器失磁，其动断触点闭合，接通低压继电器 KV1 和 KV2 的电源，使之励磁，动断触点 KV1 和 KV2 断开保护动作回路。当发生两相短路时，负序电压突然发生，并且幅值很大，负序电压继电器励磁，动断触点断开低电压继电器的电源，使之失磁，动断触点闭合，接通保护动作回路。

三、继电保护动作行为分析

三绕组变压器继电保护直流回路和信号回路展开接线图分别如图 7-8～图 7-10 所示。

1. 瞬时动作的主保护

纵联差动保护由差动继电器 KD1～KD3 和信号继电器 KS1 及总出口中间继电器 KCO 构成。当变压器发生故障时瞬时动作于三侧断路器跳闸，保护动作回路见图 7-8。其动作程序为：

　　＋（电源）→FU1→KD1～KD3→KS1→XB1→KCO 电压线圈→FU2－（电源），启动 KCO；

　　＋（电源）→FU3→KCO1→KCO 电流线圈→XB4，跳开 QF1；

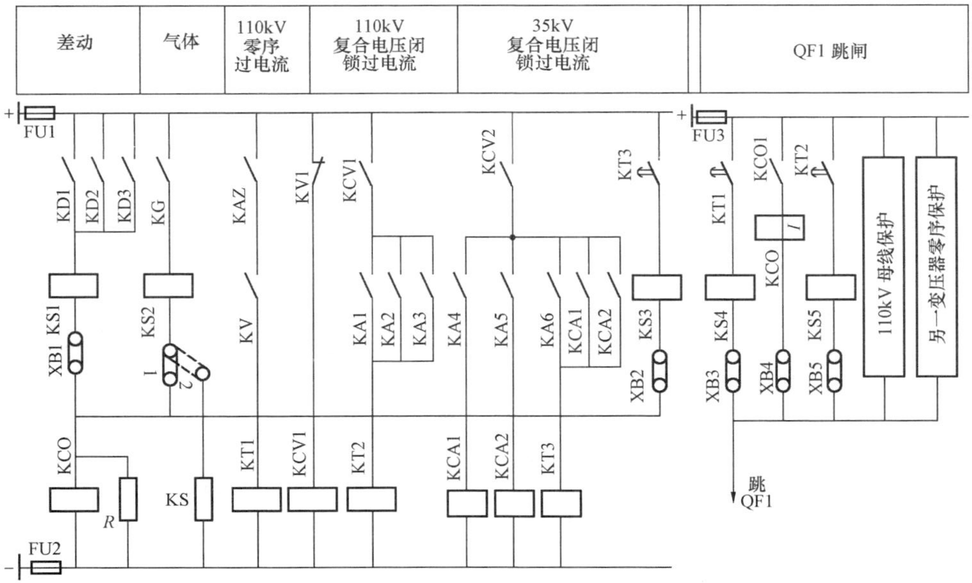

图 7-8　三绕组变压器继电保护直流回路展开接线图（一）

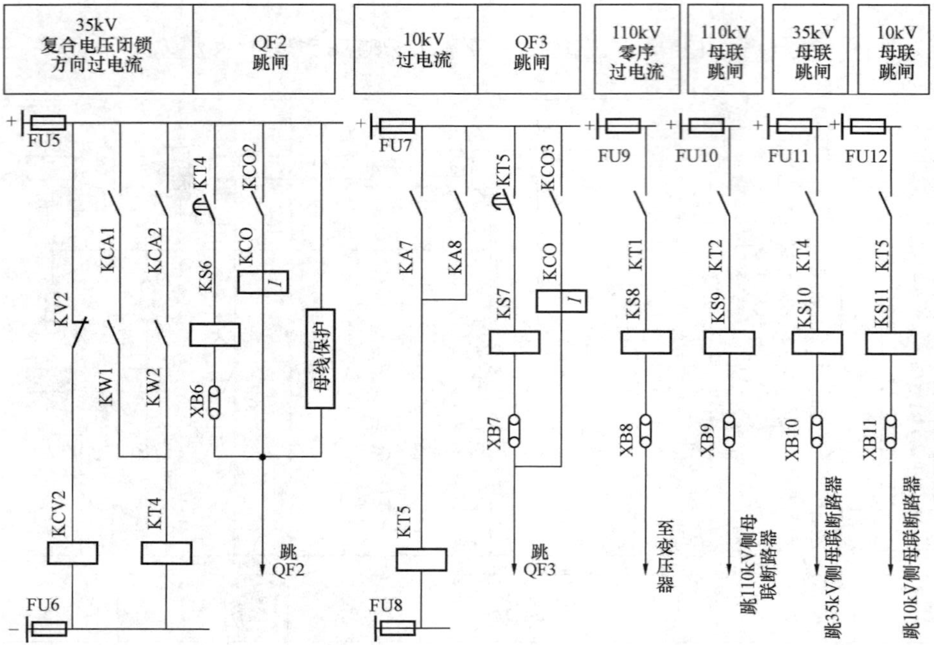

图 7-9 三绕组变压器继电保护直流回路展开接线图 (二)

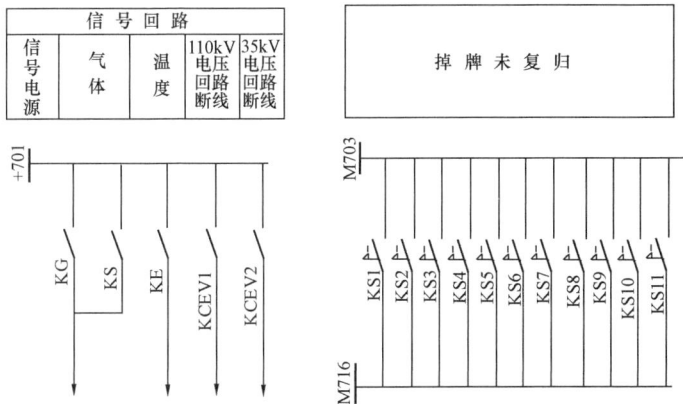

图 7-10 三绕组变压器继电保护信号回路展开接线图

＋（电源）→ FU5 → KCO2 → KCO 电流线圈，跳开 QF2；

＋（电源）→ FU7 → KCO3 → KCO 电流线圈，跳开 QF3。

瓦斯保护由气体继电器 KG、信号继电器 KS 和切换连接片 XB 组成。变压器内部故障时，跳开三侧断路器。其动作程序为：

＋（电源）→FU1→KG→KS2→XB1→KCO 电压线圈→FU2→－（电源），启动 KCO。

总出口中间继电器 KCO 动作后，其三对触点 KCO1～KCO3 分别跳开三侧断路器 QF1、QF2、QF3。气体继电器的另一种运行方式是只发信号而不跳闸（又叫轻瓦斯动作），把切换连接片由"1"切换到"2"即是。

2. 延时动作的后备保护

（1）110kV 侧。带复合电压闭锁的过电流保护由电流继电器 KA1～KA3、电压继电器 KV1、负序电压继电器 KVN1、中间继电器 KCV、时间继电器 KT2 构成。当发生故障时负序电压继电器 KVN1 动作后，保护动作程序为：

＋（电源）→FU1→KV1→KCV1 线圈→FU2→－（电源），启动 KCV1；

＋（电源）→FU1→KCV1→KA1～KA3→KT2 线圈→FU2→－（电源），启动 KT2。

KT2 有两个时间定值，用较小的定值跳开 110kV 侧母联断路器，用较大的定值跳开本侧断路器。其动作程序为：

＋（电源）→FU10→KT2→KS9→XB9→跳开 110kV 侧母联断路器；

＋（电源）→FU3→KT2→KS5→XB5→跳本侧断路器 QF1。

带零序电压闭锁的零序过电流保护由电流继电器 KAZ、电压继电器 KV、时间继电器 KT1 和信号继电器 KS4 构成。当发生接地短路时，出现零序电压和零序电流，保护动作程序为：

＋（电源）→FU1→KAZ→KV→KT1 线圈→FU2→－（电源），启动 KT1；

＋（电源）→FU3→KT1→KS4→XB3→跳本侧断路器 QF1。

若本变电所为两台变压器并联运行，应先切除中性点不接地的，其动作回路为：＋（电源）→FU9→KT1→KS8→XB8→切中性点不接地变压器。

（2）35kV 侧。带方向复合电压闭锁过电流保护为两相式保护。它由电流继电器 KA1、KA5，电流重动继电器 KCA1、KCA2，方向继电器 KW1、KW2，电压重动中间继电器 KCV2，电压继电器 KV2，负序电压继电器 KVN2，时间继电器 KT4 和信号继电器 KS6 组成。当发生不对称故障时，负序电压继电器 KVN2 动作后，保护动作程序为：

＋（电源）→FU5→KV2→KCV2 线圈→FU6→－（电源），启动 KCV2；

＋（电源）→FU1→KCV2┌KA4→KCA1 线圈→FU2→
　　　　　　　　　　　└－（电源），启动 KCA1；
　　　　　　　　　　　└KA5→KCA2 线圈→FU2→
　　　　　　　　　　　　－（电源），启动 KCA2；

＋（电源）→FU5→KCA1→KW1┐
＋（电源）→FU5→KCA2→KW2┴→KT4 线圈→FU6
→－（电源），启动 KT4；

＋（电源）→FU11→KT4→KS10→XB10→，跳母联断路器；

＋（电源）→FU5→KT4→KS6→XB6→跳 QF2。

不带方向的复合电压闭锁过电流保护，是由电压继电器 KV2、电压重动中间继电器 KCV2、电流重动继电器 KCA1、KCA2、电流继电器 KA4～KA6、时间继电器 KT3 和信号继电器 KS3 构成。当发生不对称故障时，负序电压继电器 KVN2 动作，保护的动作程序为：

＋（电源）→FU5→KV2→KCV2→FU6→－（电源），启动 KCV2；

＋（电源）→FU1→KCV2┌KA4→KCA1 线圈→FU2→
　　　　　　　　　　　├－（电源），启动 KCA1；
　　　　　　　　　　　├KA5→KCA2 线圈→FU2→
　　　　　　　　　　　├－（电源），启动 KCA2；
　　　　　　　　　　　└KA6→KT3 线圈→FU2→
　　　　　　　　　　　　－（电源），启动 KT3；

＋(电源)→FU1→KT3→KS3→XB2→KCO 线圈→FU2→－(电源)，KCO 动作，其三对触点 KCO1、KCO2、KCO3 闭合，分别断开对应断路器 QF1、QF2、QF3，切除故障。

（3）10kV 侧。过电流保护由 KA7、KA8 电流继电器，时间继电器 KT5 和信号继电器 KS7 组成。保护动作程序为：

＋(电源)→FU7→KA7→KT5 线圈→FU8→－(电源)，
　　　　　　 └→KA8┘

启动 KT5；

＋(电源)→FU12→KT5→KS11→XB11→跳 10kV 母联断路器；

＋(电源)→FU7→KT5→KS7→XB7→跳 QF3。

第八章

母线差动保护及断路器失灵保护

运行经验表明，发电厂、变电所中的母线绝缘子或断路器套管发生闪络，运行人员误操作或外力破坏等原因，造成母线单相接地或多相短路的可能性是不可忽视的。母线一旦发生短路，众多与之相连的元件随之中断供电，可能导致系统瓦解，造成重大事故。因此，在母线上配置性能优良的保护，及时准确地切除故障母线，消除或降低故障造成的损失是十分重要的。广泛使用单母线差动保护、双母线固定连接的差动保护及电流相位比较式母线差动保护等。

第一节　单母线完全差动电流保护

基尔霍夫定律可表述为在任意瞬间，流出节点的电流之和等于流入节点的电流之和；也可表述为，在任意瞬间，流出（入）节点电流的代数和为零。如图 8-1 所示，母线就是一个节点，接于母线上的各元件流出（入）电流的代数和为零，即

$$\Sigma \dot{I} = \dot{I}_1 - \dot{I}_2 - \dot{I}_3 - \dot{I}_4 = 0 \qquad (8-1)$$

由此可见，完全差动电流保护就是反应所有接于母线的各元件电流之和的保护。利用各元件的电流互感器构成完全差动电流回路，为减小不平衡电流，要求其变比相同、特性尽可能一致。

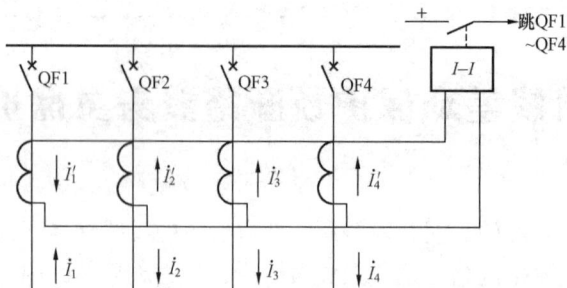

图 8-1 单母线完全差动电流保护

由保护构成原理可知，在正常运行情况下，流入母线的电流与流出母线的电流之和为零，差动继电器不动作。实际上，尽管对电流互感器的特性提出了较严格的要求，但完全一致是不可能的，因此不平衡电流是不可避免的，只需控制在满足要求的范围内即可，图 8-1 所示为单母线完全差动电流保护。

母线外部发生故障时，接于母线上的所有电源或经健全元件电源的短路电流 $\dot{I}_k$ 都流向母线，再由母线流向故障元件的短路点。此时各元件（含故障元件）电流的代数和仍为零，差动保护不动作。当母线上发生短路时，所有电源或经各元件电源的短路电流都流向母线上的短路点，而且方向一致。此时流入差动保护的电流 $\dot{I}_{KD}$ 等于各元件流入故障点的短路电流之和，即

$$\dot{I}_{\text{KD}} = \dot{I}_{\text{k}} = (\dot{I}_1 + \dot{I}_2 + \dot{I}_3 + \dot{I}_4) / n \qquad (8\text{-}2)$$

式中　n——电流互感器的变比。

当 $\dot{I}_{\text{KD}}$ 超过整定值时，完全差动电流保护动作，跳开所有元件的断路器 QF1～QF4，切除短路母线。

第二节　固定连接的双母线差动保护

为了提高发电厂、变电所运行的可靠性和灵活性，多采用双母线接线方式，而在运行过程中又多采用母联断路器在合闸状态的同时运行方式。所谓固定连接，就是按照一定的要求，将引出线和有电源的支路分别固定连接在两条母线上。为满足这种运行方式对保护的要求，选择配置了双母线固定连接的差动保护。当其中任一条母线短路时，只切除连接于该母线的元件，而另一条母线仍继续运行，这样可以缩小停电范围，提高运行可靠性。

一、保护的构成原理

图 8-2 所示为固定连接的双母线差动保护构成原理，该保护由三部分组成。第一部分是由线路 L1、L2 和母联断路器下端的三组电流互感器构成的差动回路，反应三者电流之和，该回路输出端接入差动继电器 KD1 构成母线 I 故障的选择元件；第二部分是由线路 L3、L4 和母联断路器上端的三组电流互感器构成的差动回路，反应三者电流之和，该回路输出端接入差动继电器 KD2 构成母线 II 故障的选择元件；第三部分是反应第一部分和第二部分电流之和的完全电流差动回路，该回路的输出端接入差动继电器 KD3 构成双母线的电流差动保护。

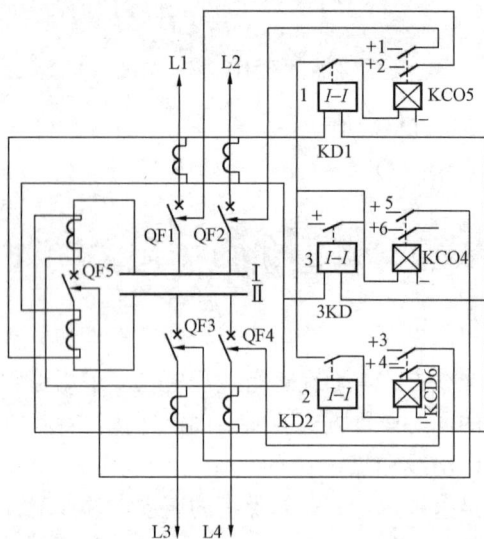

图 8-2 固定连接的双母线差动保护构成原理

正常运行情况下，母线 I 和母线 II 的差动回路中，由于连接元件的流入电流和流出电流平衡，故流入差动继电器 KD1、KD2、KD3 的电流为零，差动保护不动作。

二、母线外部故障时

若线路 L2 上的 k 点发生短路，如图 8-3 所示。线路 L1 的短路电流 $\dot{I}_{k1}$ 经母线 I 和 L2 流入短路点 k。线路 L3、L4 的短路电流 $\dot{I}_{k3}$、$\dot{I}_{k4}$ 流入母线 II，再经母联 QF5 流入母线 I 后流入 L2 上的短路点 k。也就是说非故障线路的三个电流是通过 L2 流入短路点的。

在二次回路中，各路电流互感器流出电流按与一次电流相反的方向标出，然后依次分析三个差动回路的工作情况。

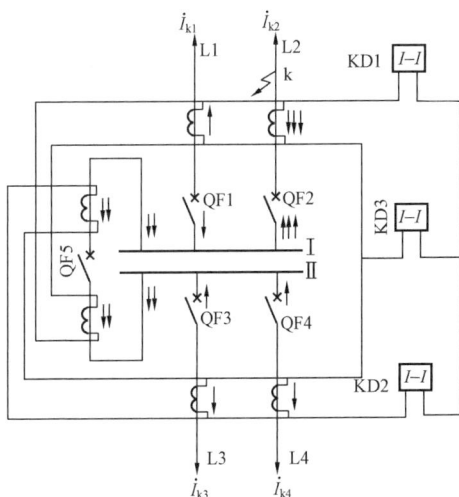

图 8-3　母线外部故障时短路电流分布

在母线 I 差动回路中，线路 L2 的电流互感器中通过三条线路的短路电流 $\dot{I}_{k1}$、$\dot{I}_{k3}$、$\dot{I}_{k4}$，反极性；线路 L1 的电流互感器中通过自身短路电流 $\dot{I}_{k1}$，正极性；在该差动回路中母联断路器下侧的电流互感器中，通过线路 L3、L4 的短路电流 $\dot{I}_{k3}$、$\dot{I}_{k4}$，正极性。因此，母线 I 电流差动回路的输出电流为零，差动继电器 KD1、KD3 不动作。同样，在母线 II 差动回路中，线路 L3、L4 的电流互感器中分别通过自身的短路电流 $\dot{I}_{k3}$ 和 $\dot{I}_{k4}$，极性为正；在该差动回路中 QF5 上端的电流互感器，通过的短路电流也是 $\dot{I}_{k3}$ 和 $\dot{I}_{k4}$，极性为负。因此，该差动回路输出电流也为零，差动继电器 KD2、KD3 不动作。

三、母线Ⅰ短路时

从图 8-4 中清楚地看到，母线Ⅰ上发生短路时，4 条出线的短路电流都流向母线。

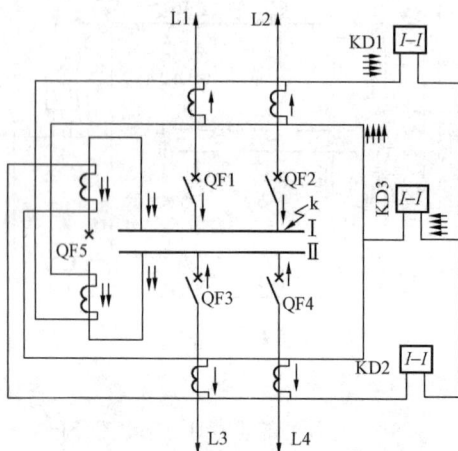

图 8-4　母线Ⅰ故障时短路电流分布

在母线Ⅰ差动回路中，从母联断路器下侧电流互感器流出的线路 L3、L4 的短路电流与线路 L1、L2 电流互感器流出的短路电流方向相同，且均为正极性，所以差动回路电流为 4 条线路的短路电流之和，差动继电器 KD1、KD3 动作。而在母线Ⅱ差动回路中，从母联断路器上侧电流互感器流出的电流与线路 L3、L4 电流互感器流出的电流，都是线路 L3、L4 上的短路电流，但方向相反。因此该差动回路电流之和为零，差动继电器 KD2 不动作。

从两条母线差动回路的工作情况分析可知：当母线Ⅰ故障时，差动继电器 KD1 动作，跳开与母线Ⅰ相连的 L1、L2 的断路器 QF1、QF2；差动继电器 KD3 动作，跳开母联断路器 QF5，切除母线Ⅰ故障，母线Ⅱ及与其相连的线路仍可继续供电。该原理保护具有良好的选择性，缺点是当固定连接破坏后，母线上发生故障时，保护将无选择地跳开与两条母线相连的所有断路器。

第三节　电流相位比较式母线差动保护

电流相位比较式母线差动保护既保留了固定连接母线差动保护的优点，又克服了当固定连接被破坏后，如不对二次电流作相应改变，将无选择地切除与母线相连的所有元件的缺点。因此，这种保护在110～220kV的电力系统中得到了广泛使用。

一、保护的构成原理

由电流相位比较式母线差动保护原理接线图 8-5 可见，保护装置每相都有两个差动继电器，差动继电器 KDW 接在双母线的差动回路上，作为判断母线故障的整套保护的启动元件，它具有在母线外部故障不动作、在母线上故障瞬时动作的功能；差动继电器 KDA 是一个电流相位比较继电器，作为母线故障的选择元件，具有判断故障发生在母线Ⅰ还是母线Ⅱ的能力。KDA 有两个电流线圈，一个接于双母线差动回路中，另一个接于母联断路器的电流回路中。当双母线差动电流和母联断路器电流均从同极性端子分别流入 KDA 的两个电流线圈时，KDA 处于 0°动作区的最灵敏状态，判定故障在母线Ⅰ上，执行继电器 KP1 动作，切除与母线Ⅰ相连的所有元件；当两路电流从非极性端子流入 KDA 的两个电流线圈时，KDA 处在 180°动作区的最灵敏位置，判定故障在母线Ⅱ上，执行继电器 KP2 动作，切除与母线Ⅱ相连的所有元件。

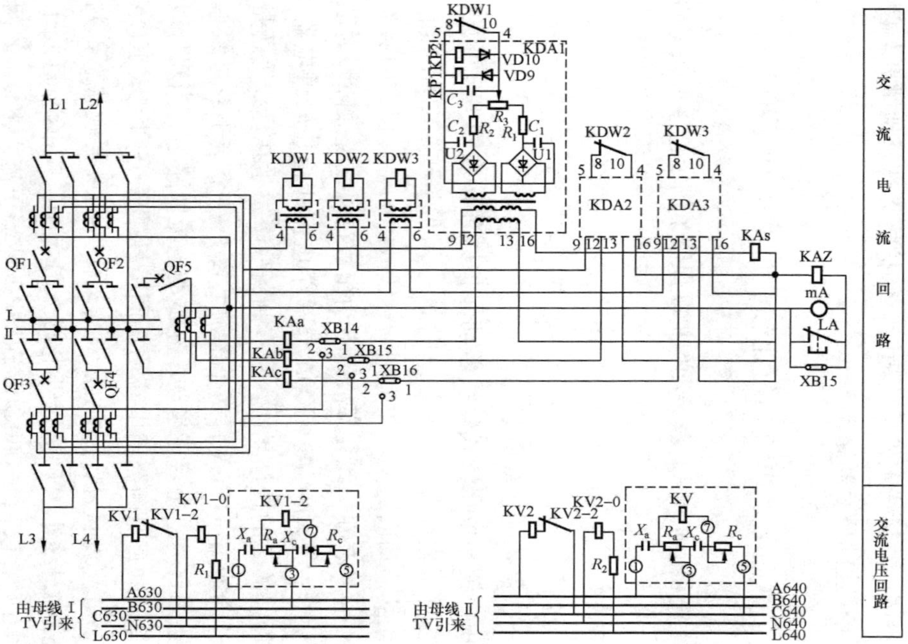

图 8-5 电流相位比较式母线差动保护原理接线图

二、固定连接方式下内、外部故障时保护的动作行为分析

1. 外部故障时

线路 L1 上 k 点短路，短路电流的分布情况如图 8-6 所示。两母线上各元件的短路电流之和为零，母线差动回路中无电流流过，启动元件 KDW 不动作。母联断路器中虽有短路电流从极性端流过选择元件 KDA 的另一个电流线圈，但由于母线差动电流为零，作为电流相位比较的 KDA 仍不动作。

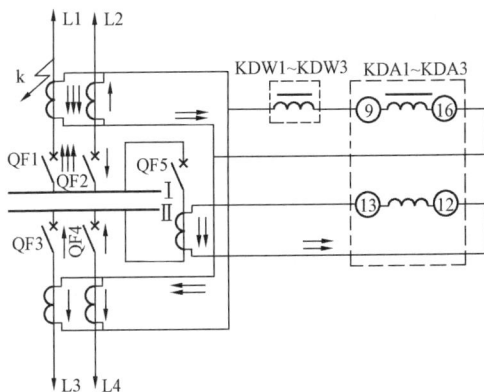

图 8-6　外部故障时短路电流分布情况

2. 母线 I 故障

当母线 I 发生故障时，短路电流的分布情况如图 8-7 所示。母线差动回路的电流为 4 条线路短路电流之和，启动元件 KDW 动作，并从极性端子 9 流入 KDA 的线圈。线路 L3、L4 的短路电流通过母联断路器流入故障点，母联断路器的二次电流也从极性端子 12 流入 KDA 的另一个线圈。

因此，选择元件 KDA 处在 0°动作区的最灵敏位置，执行元件 KP1 动作，切除母线 I 上的所有元件。

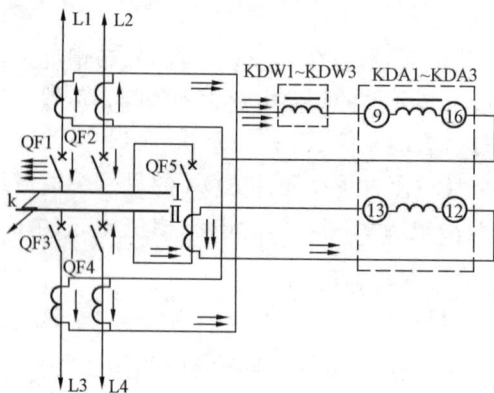

图 8-7　母线故障时短路电流分布情况

从母线 I 故障的短路电流分布和继电保护的动作情况，可以推断母线 II 故障时继电保护的动作行为。首先可以看出，母线 II 故障时，母线差动回路电流的大小、方向与母线 I 故障时相同，KDW 动作，并从极性端通过 KDA 的电流线圈；再就是流过母联断路器的电流为线路 L1、L2 的短路电流，且与母线 I 短路时电流方向相反，从非极性端子流入 KDA 的另一个线圈，差动继电器 KDA 处在 180°动作区的最灵敏位置，执行元件 KP2 动作，切除与母线 II 相连的所有元件。

三、固定连接破坏后发生内、外部故障时保护的动作行为分析

双母线固定连接破坏后，电流相位比较式母线差动保护具有外部故障不误动、内部故障有选择性地切除故障的功能。

固定连接破坏后,线路 L1 上的 k 点短路时短路电流分布及差动继电器工作情况如图 8-8 所示。母线差动回路无电流,启动元件 KDW 不动作。故障选择元件 KDA 的一个电流线圈中无电流,另一个电流线圈虽流入了母联断路器电流,但不能构成电流相位比较,故不动作。

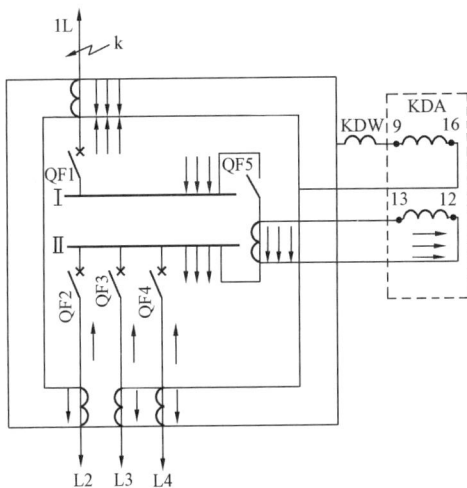

图 8-8 固定连接破坏后外部故障时短路
电流分布及差动继电器工作情况

固定连接破坏后,母线 I 故障时短路电流分布及差动继电器工作情况如图 8-9 所示。流过双母线差动回路的电流是 4 条线路短路电流之和,启动元件 KDW 动作。母线差动电流同时从正极性端子 9 流过故障选择元件 KDA 的电流线圈;母联断路器电流则从正极性端子 12 流过故障选择元件 KDA 的另一个电流线圈。两电流相位比较为 0°,判定故障发生在母线Ⅰ，KDA 动作，由执行元件 KP1 动作，切除与母线Ⅰ相连的所有元件。同理，可以分析母线Ⅱ故障时保护的动作情况：双母线差动电流仍为 4 条线路短路电流之和，启动 KDW 并流过 KDA 的电流线圈；所不同的是，流过母联断路器的电流仅为线路 L1 的短路电流，并从非极性端子 13 流过 KDA 的另一个电流线圈，两电流相位比较为 180°，判定故障在母线Ⅱ上，KDA 动作，由执行元件 KP2 动作，切除与母线Ⅱ相连的所有元件。

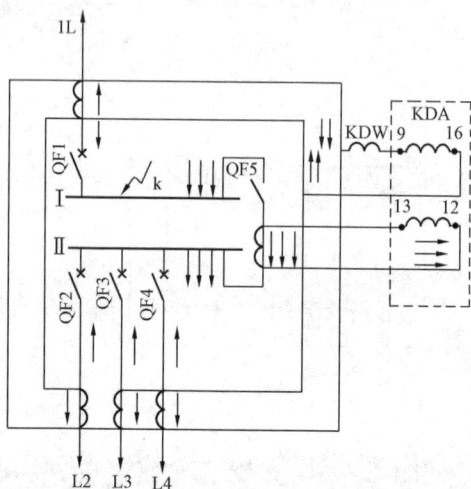

图 8-9　固定连接破坏后母线Ⅰ故障时短路
电流分布及差动继电器工作情况

由上述分析可知，固定连接破坏后仍具有对故障的明确选择性，是电流相位比较式母线保护的突出优点。

四、闭锁措施

为了保证保护自身的可靠性，在关键部位采取了若干闭锁措施，重要的有以下几项：

（1）选择元件出口闭锁。为防止选择元件正常运行情况下误动作，用启动元件 KDW 的动断触点闭锁 KDA 的出口，只有 KDW 动作后方开放 KDA 的出口，如图 8-5 所示。

（2）电流互感器二次侧断线闭锁回路。该回路由零序电流继电器 KAZ、时间继电器 KT 和闭锁继电器 KCB 构成。当电流互感器二次侧断线时，三相电流不对称而产生零序电流，KAZ 动作，启动 KT，经延时后启动 KCB，KCB 动作后切断母线差动保护的正电源，防止保护误动作。

（3）交流电压回路闭锁。它是为防止在正常运行情况下，由于交流电压回路的原因致使保护误动作而设置。其主要功能是，正常状态下将断路器的跳闸回路断开，而在母线发生各种类型故障时，立即将跳闸回路接通，解除闭锁。

第四节 断路器失灵保护

电力系统中某元件发生故障，继电保护已动作，但断路器失灵拒动，不能切除故障。利用已动作保护的出口和其他条件，经综合分析判断和适当延时后，把接故障元件母线上的其他所有元件全部切除，达到切除故障的目的，称具有这种功能的自动装置为断路器失灵保护。断路器失灵保护由启动元件、延时元件、逻辑电路和低压闭锁等部分构成。被保护各元件的继电保护出口为启动元件。延时元件的动作定值，要躲过断路器完好情况下，保护动作时间和断路器跳闸熄弧时间之和；还要考虑断路器失灵拒动情况下，给予失灵保护准确选择切除对象和切除次序等逻辑判断充足的时间。失灵保护还增设母线低电压闭锁元件。

现以图 8-10（a）所示接线为例，分析断路器失灵保护的工作情况。系统的一次接线为带母联断路器的双母线接线，母线Ⅳ上接线路 L1、L3，母线Ⅴ上接线路 L2 和主变压器。若线路 L1 发生故障，保护动作，并发出跳闸信号，但由于断路器 QF1 失灵拒绝动作，不能切除故障。线路 L1 的保护动作，就本例而言，即电流保护的继电器 KA1～KA3 和分相跳闸继电器 KTF1～KTF3 动作，在发跳闸信号的同时启动断路器失灵保护，如图 8-10（d）所示。由于故障未切除，保护不返回，持续的动作信号推动延时元件 KT1 前进。失灵保护的启动程序为：

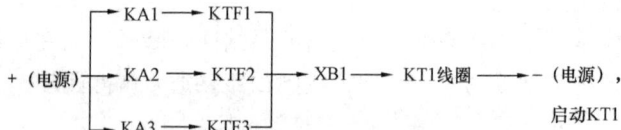

```
        ┌─ KA1 ── KTF1 ─┐
        │               │
+（电源）├─ KA2 ── KTF2 ─┤─ XB1 ── KT1线圈 ──－（电源），
        │               │
        └─ KA3 ── KTF3 ─┘                     启动KT1
```

延时元件 KT1 有两对触点，KT1-1 为短延时，动作闭合后跳母联断路器；KT1-2 较 KT1-1 延时长，动作闭合后跳线路 L3 的断路器 QF3。KT1-1、KT1-2 闭合后的工作回路如图 8-10（b）所示，保护动作程序为：

＋（电源）→KT1-1→KS1→KTW（母联断路器跳闸中间继电器）线圈→－（电源），启动 KTW；

＋（电源）→KT1-2→KS2→KCW1（母线保护出口中间继电器）线圈→－（电源），启动 KCW1。

另外，断路器失灵保护还设有低电压闭锁元件，因故障未切除，母线Ⅳ上电压下降，低电压继电器 KV1 动作，动作回路如图 8-10（b）所示，保护动作程序为：

＋（电源）→KV1→KCV1（电压重动中间继电器）线圈→－（电源），启动 KCV1。

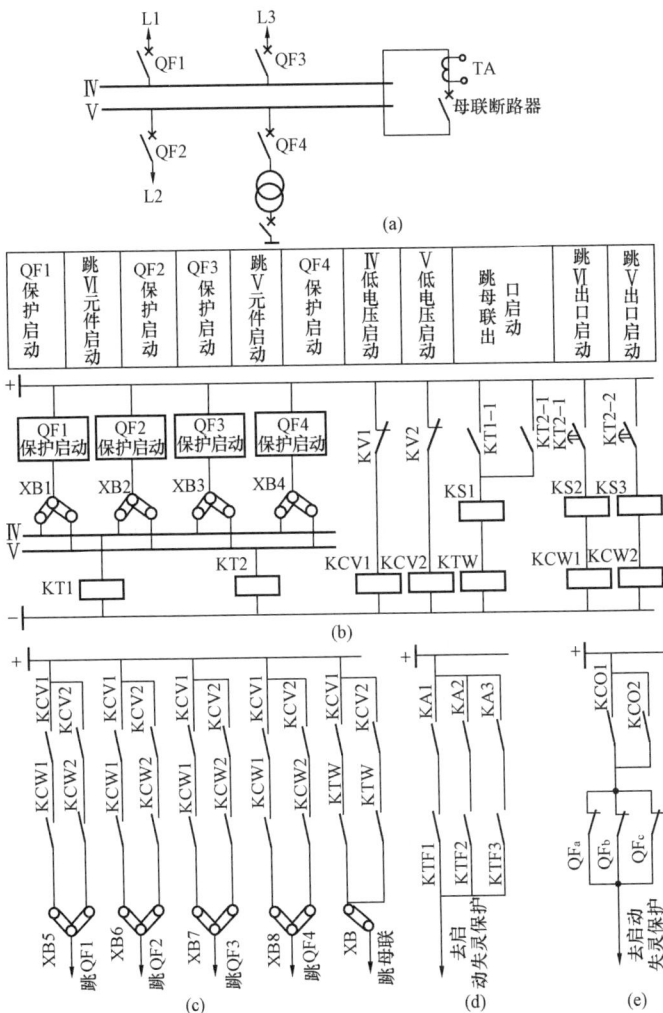

图 8-10　断路器失灵保护构成原理接线

（a）一次接线；（b）保护装置直流展开接线；（c）跳闸回路；

（d）线路启动回路；（e）主变压器启动回路

母联断路器跳闸回路如图 8-10(c)所示，保护动作程序为：

＋(电源)→KCV1→KTW→XB→跳母联断路器。

跳线路 L3 的断路器 QF3 回路如图 8-10(c)所示，保护动作程序为：

＋(电源)→KCV1→KCW1→XB7→跳 QF3。

至此，已把母线Ⅳ上与之相连的所有元件全部断开，故障被切除。若线路 L3 为负荷线路，在母联断路器断开后，已无故障电流，保护返回，无需再跳断路器 QF3。

若连接在母线Ⅴ上的主变压器内部故障，差动保护动作，因断路器 QF4 失灵拒动，故障不能被切除。但差动保护仍处在动作状态，中间继电器 KCO2 不返回，直流电源通过 KCO2 的触点和 QF4 的辅助触点，构成断路器失灵保护的启动回路[见图 8-10(e)]。启动时间元件 KT2，第Ⅰ段 KT2-1 闭合动作，跳开母联断路器；第Ⅱ段 KT2-2 闭合动作后，经低电压中间继电器 KCV2 和 KCW2 及切换连接片 XB6 去跳开 QF2，切除故障[见图 8-10(c)]。

第九章

自 动 装 置

自动装置和继电保护装置一样，对电力系统运行的可靠性和稳定性都起着极为重要的作用。发电厂和变电站中常用的自动装置有备用电源自动投入装置（AAT）、自动重合闸装置（AAR）、自动按频率减负荷装置（AFL）以及自动同步装置和发电机自动调节励磁装置等，下面仅就 AAT、AAR 和 AFL 进行简要介绍。

第一节　备用电源自动投入装置

在发电厂（厂用电系统）和变电站中，为保证用电的可靠性，一般采用由两个独立电源供电并互相备用的方式。当工作电源故障失去电压时，备用电源应由自动装置自动而迅速地投入工作，以保证供电的连续性。这种自动装置称为备用电源自动投入装置，简称 AAT。

备用电源自动投入包括备用线路自动投入、备用母线自动投入、备用变压器自动投入以及移相电容器自动投入等，本节仅以备用变压器的自动投入为例介绍自动投入装置的工作原理。

一、电源备用方式及自投装置的功能

电源备用的方式可分为两种：一种是正常运行时备用电源不带负荷，即专作备用的明备用（或冷备用）；另一种是由各工作电源互相作为备用（需考虑电源容量有适当裕度），即暗备用（或热备用）。备用电源自动投入装置有多种接线方式，但都应具备以下功能：

（1）当工作电源不论何种原因中断时，备用电源均能自动、迅速地投入运行。

（2）只有在工作电源确实断开之后备用电源方能投入，以免两个电源同时投入，造成非同步合闸。

（3）在备用电源自动投入后，若故障尚未消除，则保护装置应立即将备用电源断开，并且不再投入。

（4）备用电源自动投入装置应只动作一次。

备用电源自动投入装置应包括电源监察和自动投入两部分。当工作母线或变压器故障使负荷母线失去电源时，由电源监察部件动作使变压器两侧的断路器跳开，然后再启动自动投入部件，使备用电源自动投入运行。

二、备用电源自动投入装置的接线分析

图 9-1 所示是发电厂厂用高压备用变压器自动投入装置的原理接线，简析如下：

（1）备用电源自动投入装置的基本构成。电源监察部分由接入 10kV 母线电压互感器上的低电压继电器 KV1、KV2 和时间继电器 KT 构成；自动投入部分由中间继电器 KC2 和 KC3 构成。QF1 和 QF2 是工作变压器 T1 两侧的断路器，QF3、QF4 是备用变压器 T2 两侧的断路器。YT-1、YT-2 分别是 QF1 和 QF2 的跳闸线圈；YC3、YC4 分别是 QF3 和 QF4 的合闸线圈。

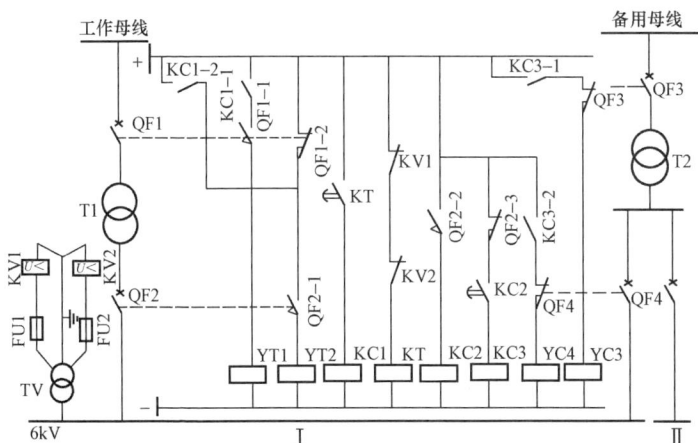

图 9-1　备用变压器自动投入装置的原理接线

（2）电源监察部分的工作原理。当断路器 QF1 和 QF2 处于合闸位置时，若工作母线或变压器 T1 故障使负荷母线 Ⅰ段失去电源，低电压继电器 KV1、KV2 同时返回，其串联连接的两对动断触点同时闭合，启动时间继电器 KT 线圈，经延时后动合触点闭合，启动中间继电器 KC1，其两对动合触点 KC1-1、KC1-2 同时闭合，接通断路器 QF1 和 QF2 的跳闸线圈 YT1 和 YT2，使两断路器同时断开，切除变压器 T1，完成电源监察的功能。

KV1 和 KV2 的动断触点串联，是为了防止由于电压互感器的熔断器熔断致使低电压继电器动作而误将变压器切除。装设时间继电器 KT，并将其动作时限整定得比母线引出线路上保护动作的时限略长，是为了避免因引出线短路造成母线电压短时降低而使备用电源自动投入装置误动作。

（3）备用电源自动投入部分的工作原理。在断路器

QF2 跳闸前，QF2-2 一直在闭合状态，中间继电器 KC2 线圈一直在通电启动状态，其延时打开的动合触点保持在接通状态，但由于 QF2-3 动断触点在断开状态，所以 KC3 线圈不通电。当断路器 QF2 因母线 I 失电跳闸后，QF2-3 瞬时闭合，QF2-2 同时断开。KC2 失电返回，但其延时断开的动合触点需经 0.5s 后方断开。在此延时期间，KC3 通电启动，其两对动合触点 KC3-1、KC3-2 闭合，启动断路器 QF3 和断路器 QF4 的合闸线圈 YC3 和 YC4，断路器 QF3 和 QF4 同时合闸启动，使备用变压器 T2 自动投入运行，完成工作变压器 T1 故障切除，备用变压器 T2 自动投入的转换。

继电器 KC2 的动合触点延时 0.5s 后断开，使断路器 QF3 和 QF4 既能充分合闸，又只能一次性动作，避免了 I 段负荷母线因发生短路（或因故障失电）而引起备用电源自动投入装置的多次动作。

在发电厂和变电所中能实现备用电源自动投入的接线有多种，但都具有相同的构成原理和动作功能。

第二节　输电线路自动重合闸装置

在电力系统输电线路故障中，暂时性故障占 70% ～ 90%，所以在故障线路断开后，利用自动重合闸装置使故障线路迅速地重合闸，可大大提高系统供电的可靠性。

一、自动重合闸概述

自动重合闸装置，是指当线路发生短路故障时，由继电保护装置将故障线路跳开，经延时（如 0.5s）后重新将线路自动投入的装置，简称 AAR。如果线路故障是暂时性的，重新合闸后线路即恢复供电，即重合闸成功；如果线路故障是永久性的，则重新合闸后，继电保护装置会再次将故障线路跳开，即重合闸不成功。一般输电线路重合闸成功率高达 70％ 以上，因此在 220kV 及以上的高压输电线路中，广泛采用自动重合闸装置。

自动重合闸方式的种类很多。按其结构分，有机械式重合闸和电气式重合闸；按其使用线路分，有单侧电源重合闸和双侧电源重合闸；按与断路器配合方式分，有单相动作重合闸、三相动作重合闸和综合重合闸；按其动作次数分，又有一次动作重合闸和多次动作重合闸。

输电线路中根据运行情况常需要同时考虑几种重合闸方式。

（1）单相重合闸方式。当线路发生单相故障时，切除故障相，实行单相跳闸和单相重合闸；如重合于永久故障时，则跳开三相不再重合；如线路发生相间故障时，则直接断开三相不进行重合闸。

（2）三相重合闸方式。线路发生任何形式的故障均断开三相，并进行三相一次重合闸。

（3）综合重合闸方式。当线路发生单相故障时，切除故障相，实行单相重合闸；如重合于永久性故障，则断开三相不再进行重合闸；当线路发生相间故障时，切除三相并进行三相重合闸；如重合闸于永久性故障，则断开三相不再重合闸。

（4）直跳方式。线路发生任何形式的故障均断开三相，不进行重合闸。

二、三相一次自动重合闸

下面以图 9-2 所示的单相电源三相一次自动重合闸为

例，分析自动重合闸的动作原理。图中虚线框内为重合闸继电器 AAR 的内部接线图，它是根据电容放电原理构成的。R_1 为充电电阻，R_2 为放电电阻，KC 为电压启动、电流自保持的双线圈中间继电器，KCB 为闭锁重合闸的保护装置的触点。

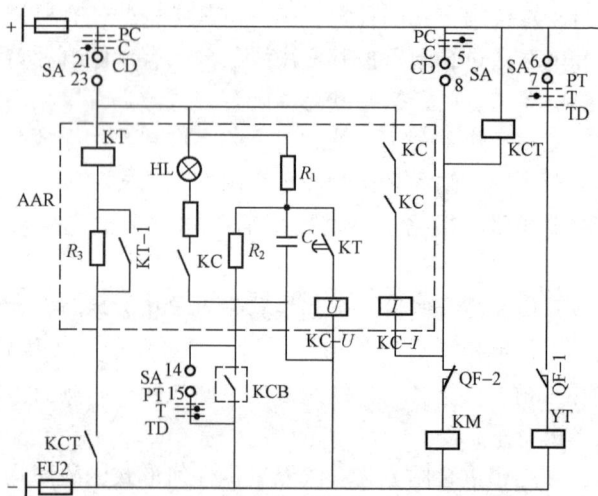

图 9-2　单侧电源三相一次自动重合闸接线图

三相一次自动重合闸的工作原理简析如下：

（1）线路正常运行状态。断路器 QF 在合闸位置，控制开关 SA 在合闸后位置。其触点 21-23 接通，重合闸继电器 AAR 中的电容 C 经 R_1 已充满电，自动重合闸 AAR 处于准备动作状态。

（2）断路器 QF 跳闸再重合闸。断路器动作跳闸时，其动断辅助触点 QF-2 闭合，跳闸位置继电器 KCT 动作，其（左下方）动合触点闭合，启动时间继电器 KT，其延时闭合的动合触点经延时 t 后闭合，电容器 C 经该触点向中间继电器 KC 的电压线圈 KC-U 放电，KC 启动，其串接的两对动合触点闭合，经 KC-I 电流线圈（阻抗小）启动合闸接触器 KM，使断路器"重合闸"。如果遇暂时性短路故障，则重合成功，QF-2 断开，KCT 返回，切断 KT 线圈电路，KT 动合触点瞬时断开，电容器 C 又经 R_1 进行充电，为下次动作做好准备。要特别说明的是，当 QF-2 触点闭合时，KCT 线圈启动，但因 KM 灵敏度低，KM 不会启动。R_1 与 KC-U 线圈串联，KC 不会启动，只有经 C 对 KC-U 线圈放电后，KC 才会启动。

（3）一次重合闸。如果线路上发生的是永久性故障，重合闸不成功，保护将断路器再次跳开，KCT 启动，其动合触点闭合，启动 KT，KT 的延时动合触点闭合，电容向 KC-U 电压线圈放电。但因重合闸动作后，C 已向 KC-U 放尽电，紧接第二次重合时，C 充电时间太短（欲使 KC 动作，C 需充电 10s），其电压不足以使 KC 启动，而此后 KT 触点一直在闭合状态，C 不能充电，KC 不会动作，断路器也不会再次重合闸，即保证了一次重合闸。

（4）手动跳闸时重合闸不动作。手动控制 SA 跳闸，此时 SA 的触点 21-23 断开，而 14-15 接通，21-23 断开，重合闸回路失去正电源，因此不会再动作于合闸，而 14-15 触点接通，电容器 C 经放电电阻 R_2 放电至零，使重合闸的电源 C 短路放电，也闭锁了重合闸的放电回路。

（5）手动合闸合于故障时重合闸不动作。用 SA 手动合闸，此时 SA 的触点 21-23 接通，AAR 获得正电源，电容器 C 开始充电，SA 的 5-8 触点接通使断路器 QF 合闸。如果合于故障，则保护装置动作跳开断路器。此时电容器 C

上电压未及充满，不足以使 KC 启动，因此不会发生重合闸。

（6）重合闸闭锁回路。当手动跳闸（SA 的 14-15 触点接通）、母线故障保护动作使断路器 QF 跳闸以及自动按频率减负荷装置动作时，自动重合闸装置都不应动作，为此利用重合闸闭锁继电器 KCB 动合触点使电容器 C 通过 R_2 放电来实现。

第三节　低压低频减负荷装置

电力系统有功功率突然发生变化时，系统频率也将发生变化，当功率缺额时频率下降，功率过剩时频率上升。功率变化较大时若不及时采取措施，频率将超越正常范围，甚至引起系统频率崩溃。

在大多数情况下，电力系统的功率和电压都是可控的。当由于扰动、增加负荷或改变系统运行方式而造成渐进的、不可控制的电压降低时（至少有一个母线的电压幅值随注入母线无功功率的增加而减少），系统则进入电压不稳定状态。电压不稳定的主要原因是系统不能满足无功功率的需求。

低频减负荷装置是当电力系统发生故障，出现功率缺额引起的频率急剧大幅度下降时，自动切除部分用电负荷使频率迅速恢复到允许范围内，以避免频率崩溃的自动装置。

低压减负荷装置是为防止系统因无功缺额发生电压崩溃，自动切除部分负荷使运行电压恢复到允许范围内的自动装置。

为了降低由于切负荷所造成的损失，一般把负荷分为几个级，把不重要的负荷放在第一级，然后是第二级、第三级……，最重要的负荷放在最后一级。这样，在系统功率缺额较小时，只需装置动作断开第一级负荷，系统频率或电压即可恢复正常。在功率缺额较大时则依次断开第二级、第三级负荷直到负荷达到平衡为止。

以 CSS-100BE 低频低压减负荷装置为例说明。CSS-100BE 低频低压减负荷安全自动装置主要用在系统频率过低或电压过低时，切除负荷或者解列系统，提高系统的稳定性，防止电力系统有功不足引起的系统频率连续下降造成的系统失稳，防止电力系统无功不足引起的系统电压下降或崩溃。适用于 110～500kV 变电所的集中式低频解列/减负荷、低压解列/减负荷。

CSS-100BE 低频低压减负荷装置具有以下功能：

(1) 实时测量安装点的频率和频率变化率。

(2) 实时测量安装点的电压和电压变化率。

(3) 当电力系统由于有功缺额引起频率下降时，装置自动根据频率降低值切除部分电力用户负荷，使系统的电源与负荷重新平衡。

(4) 当电力系统由于无功缺额引起电压下降时，装置自动根据电压降低值切除部分电力用户负荷，使系统的电源与负荷重新平衡。

(5) 当电力系统有功功率缺额较大时，系统频率可能会较快下降，本装置具有根据 $\mathrm{d}f/\mathrm{d}t$ 加速切负荷的功能，可加速切第一、二级或加速切第一、二、三级，尽早制止频率的快速下降，防止频率崩溃事故的发生。

(6) 当电力系统无功功率缺额较大时，系统电压下降可能会较快，装置具有根据 $\mathrm{d}u/\mathrm{d}t$ 加速切负荷的功能，可加速切第一、二级或加速切第一、二、三级，尽早制止电压的快速下降，防止电压崩溃事故的发生。

（7）装置设有根据 $\mathrm{d}f/\mathrm{d}t$、$\mathrm{d}u/\mathrm{d}t$ 闭锁功能，以防止由于短路故障、负荷反馈频率或电压异常等情况可能引起的误动作。装置具有低电压闭锁、TV 断线闭锁等功能。

（8）装置设有母线分列运行连接片，双母线分列运行时，各母线动作逻辑、动作出口完全独立；双母线并列运行时，则采用唯一的动作逻辑和动作出口。

（9）装置的定值（频率定值、电压定值及延时定值）均连续可调。装置具有完整的事件记录和数据记录功能，断电不丢失。

（10）装置具有完善的人机对话功能，可通过面板上的键盘执行各种命令。利用全汉化的液晶显示器，可查看和修改日期、定值、电压、电流、频率故障录波信息等。可自动或手动翻页显示，可就地显示或通过装置面板上的 RS232 接口接入便携机显示，也可通过通信口接入后台管理系统，远方显示、打印整定值和故障信息等。

（11）装置具有灵活、方便的对时功能，既可用键盘手动修改计算机时钟，也可用 GPS 脉冲信号进行精确对时，并有防止 GPS 误对时的功能。

第十章

操作电源及接线

发电厂及变电所中各种电气设备的操作、控制、保护、信号及自动装置，都需要有可靠的供电电源，由于这种电源特别重要，所以一般都专门设置，通常又称其为操作电源。

第一节　操作电源概述

发电厂及变电所的操作电源分为直流操作电源和交流操作电源，以直流操作电源为主。直流操作电源（以下简称直流电源）又分为独立电源和非独立电源两种。独立电源是指不受外界影响的固定电源，如蓄电池组直流电源；非独立电源有复式整流和硅整流电容储能直流操作电源等。其电压等级分为 220、110、48、24V 等。

一、操作电源简介

1. 蓄电池组直流电源系统

蓄电池是一种可多次充电使用的化学电源，由多节蓄电池组成具有一定电压的蓄电池组，作为与电力系统运行状态无关的独立可靠的直流操作电源，即使发电厂或变电所交流系统全部停电，仍能在一段时间内可靠地给部分重要设备供电，是最稳定、最可靠的直流电源。

2. 电源变换式直流电源系统

电源变换式直流电源系统，是将220V交流电源经可控整流变为48V直流电源，供全厂48V操作用电，并对蓄电池进行浮充电；同时也可经逆变装置将直流电源变为交流电源，再整流为220V直流电源的多功能新型独立电源，在中、小型变电所中应用广泛。

3. 复式整流直流电源系统

在正常运行状态下，由厂用变压器经整流后取得直流220V电源；在事故状态下，由电流互感器的二次短路电流，通过铁磁谐振稳压器变为交流电压，再经整流后作为事故电源，供保护装置、断路器跳闸等重要负荷在紧急状况下使用。复式整流直流电源依靠系统的交流电源，属非独立的直流电源。

4. 硅整流电容储能直流电源系统

硅整流电容储能直流电源由硅整流设备和电容器组组成。在正常运行时，厂用交流电源经硅整流设备变为直流电源，作为全厂的操作电源并向电容器充电。在事故情况下，将电容器储存的电能向重要负荷（继电保护、自动装置和断路器跳闸回路）放（供）电，以确保继电保护及断路器可靠动作。

二、对操作电源的基本要求

发电厂和变电所的操作电源是电气设备进行操作、控制和自动保护的动力源，是电力系统正常运行的基本保证，必须满足如下基本要求。

（1）必须充分可靠。一般设独立的直流电源系统，在交流系统全部停电时也能对重要的用电设备不间断供电。

（2）具备足够的容量。满足全厂（所）事故停电时，直流电源负荷、最大冲击负荷及 1h 事故照明等用电需求，且能保证直流母线电压在规定的额定值。

（3）满足经济和实用的要求。要求其使用寿命长、维护工作量小、投资省、占地面积小、噪声干扰小等。

第二节　蓄电池组直流电源系统

蓄电池组直流电源系统是电力系统首选的独立操作电源系统，它电压平稳、容量大、供电可靠，适用于各种直流负荷。虽然蓄电池还具有价格贵等缺点，但目前大中型发电厂中仍广泛采用蓄电池组直流电源系统。

一、蓄电池概述

1. 蓄电池的分类

按电极材料和电解液的不同，蓄电池可分为防酸式铅酸蓄电池、阀控式密封铅酸蓄电池、镉镍蓄电池和磷酸铁锂电池。

（1）防酸式铅酸蓄电池。其蓄电池槽与电池盖之间密封，使蓄电池内产生的气体只能从防酸栓排出，电极主要由铅制成，电解液是硫酸溶液。该蓄电池又分为防酸隔爆式铅酸电池和防酸工消氢铅酸蓄电池。由于其有寿命短、维护工作量大等缺点，近年来已基本被淘汰。

（2）阀控式密封铅酸蓄电池。该蓄电池正常使用时保持在气密和液密状态，当内部气压超过预定值时，安全阀自动开启，释放气体，当内部气压降低后安全阀自动闭合，同时防止外部空气进入蓄电池内部，使其密封。该蓄电池在使用寿命期限内，正常使用情况下无需加电解液。

（3）镉镍蓄电池。其正极活性物质主要由镍制成，负极活性物质主要由镉制成，是一种碱性蓄电池。

（4）磷酸铁锂电池。其最突出的特点是耐高温、耐过充和寿命长。另外锂电池质量轻、体积小，电池部分占变电站空间小，维护方便，但价格较高。

2. 蓄电池的容量及放电率

蓄电池的容量以"A·h"（安·时）来表示，即

$$Q = It$$

式中　Q——蓄电池的容量，A·h；

　　　I——放电电流，A；

　　　t——放电时间，h。

蓄电池容量与极板的面积、电解液的密度、放电电流的大小、充电程度及环境温度等有关。生产厂家铭牌上所标称的额定容量指的是蓄电池在充足电后以10h放电率放电至终止电压时所放出的电量。

蓄电池的放电率指的是放电至终止电压的快慢。采用不同的放电率，其蓄电池的容量是不同的，铅酸蓄电池规定以10h放电率为标准放电率。当以10h放电率放电到终止电压的容量约是以1h放电率放电到终止电压时容量的2倍。

二、蓄电池直流系统的运行方式

在发电厂和变电所中，蓄电池直流系统的运行方式有两种，即充电—放电运行方式和浮充电运行方式。目前，多数直流系统都采用浮充电运行方式。

1. 充电—放电运行方式

充电—放电运行方式就是将充好电的蓄电池组接在直流母线上为直流负荷供电，同时断开充电装置。当蓄电池放电

到其容量的 75％～80％时，为保证直流供电系统的可靠性，立即停止放电，准备充电，改由已充好电的另一组蓄电池供电。

2. 浮充电运行方式

浮充电运行方式就是将充好电的蓄电池组与浮充电整流器并联工作，平时由整流器供给直流负荷用电，并以不大的电流向蓄电池组浮充电（以补充电池因有漏电而电压下降的缺陷），使蓄电池处于满充电状态。浮充电运行的蓄电池组能承受短时冲击负荷（如断路器合闸电流）和事故负荷。

三、浮充电运行方式直流系统接线分析

图 10-1 所示是浮充电运行方式直流系统接线图。图示为双直流母线系统，其采用两套（U1 和 U2）浮充电设备，共用一组 220V 蓄电池组 GB，经开关 QK1 和 QK2 可以切换至任一组母线上；各设一套闪光装置、电压监察装置和信号装置，共用一套绝缘监察装置。蓄电池组 GB 左端为基本电池，额定电压为 220V，每个电池为 2.15V，所以由 102 个蓄电池串联组成；其右端为可调节接入蓄电池个数的端电池组，可通过调整器任意接入或退出部分电池，以保持直流母线的电压在 220V。现将浮充电直流系统的工作原理简析如下。

1. 充电器 U1 对母线Ⅰ供电并对蓄电池浮充电

（1）U1 输出 220V 直流电压，向整组蓄电池组 GB 充电时，刀开关 QK3 投向右侧，其触点 2-3、5-6 接通，QK1 接通。U1 的正极经 QK3 的 2-3 触点—母线Ⅰ的＋—QK1 的 1-2 至 GB 的正极；U1 的负极经 QK3 的 5-6—m 点至端电池的负极，实现对 GB 整组电池的充电。

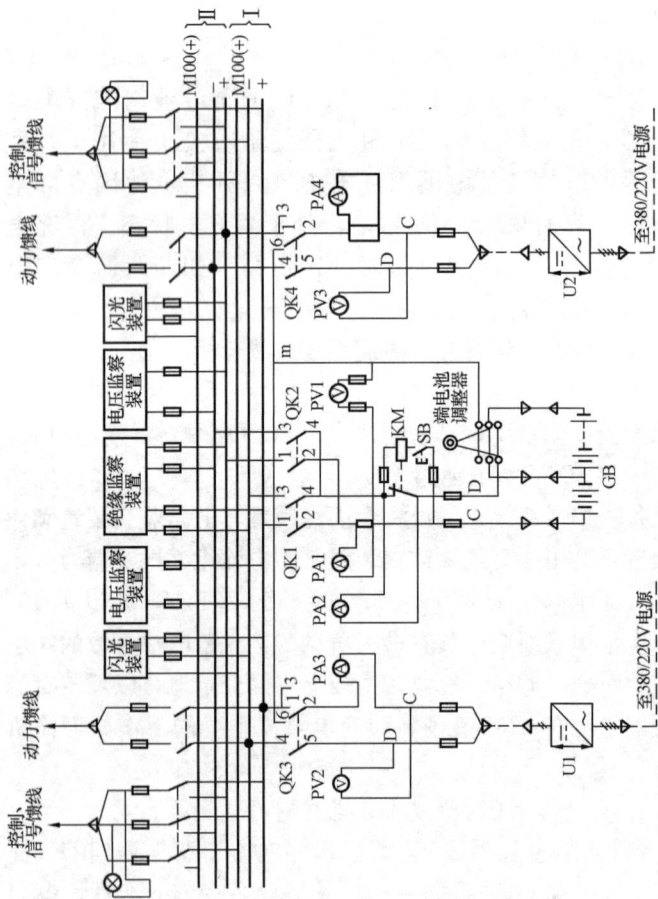

图 10-1　浮充电运行方式直流系统接线

（2）U1 对母线Ⅰ供电并对 GB 浮充电时，刀开关 QK3 投向左侧，其触点 1-2、5-4 接通，对母线Ⅰ上直流负荷供电，同时经 QK1 向 GB 的基本电池组浮充电。PV2 和 PA3 是监视 U1 的输出电压和电流的。

2. 充电器 U2 对母线Ⅱ供电并对蓄电池 GB 浮充电

（1）U2 输出 220V 直流电压，向整组蓄电池 GB 充电时，刀开关 QK4 投向右侧，其触点 2-3、5-6 接通，U2 的正极经 QK4 的 2-3 触点—母线Ⅱ的＋—QK2 的 1-2 至 GB 的正极；U2 的负极经 QK4 的 5-6—m 点至 GB 端电池的负极，实现对整组蓄电池的充电。

（2）U2 向母线Ⅱ供电并对 GB 浮充电时，刀开关 QK4 投向左侧，其触点 2-1、5-4 接通，对母线Ⅱ上直流负荷供电，同时经 QK2 向 GB 的基本电池组浮充电。PV3 和 PA4 是监视 U2 的输出电压和电流的。

3. 蓄电池组的监视和保护

蓄电池组回路装有两组开关 QK1、QK2，熔断器，两只电流表 PA1、PA2，电压表 PV1。回路中各熔断器是作短路保护的。电流表 PA1 为双向 5A-0-5A 式，用以测量充电和放电电流；电流表 PA2 正常情况时被短接，当需测量浮充电电流时，可利用按钮 SB 使接触器 KM 的动断触点断开后测量并读数。电压表 PV1 是用来监视蓄电池组电压的。

第三节　整流操作的直流电源系统

整流操作的直流电源系统是利用发电厂（变电站）用变压器（或电压互感器）来的电压源和由被保护装置的电流互感器来的电流源，经稳压整流后构成的直流电源。整流操作电源可分为两种类型：一种是由上述电压源整流装置上附加以电容储能装置的整流电源；另一种是利用上述电压源和电流互感器来的电流源经整流后的复式整流装置。

一、硅整流电容储能的直流电源系统

图 10-2 所示是目前国内使用较多的硅整流电容储能的直流电源系统接线。由图可见，电源有两组硅整流装置 U1、U2，两组储能电容器组 C_I、C_{II}，直流母线分为两段，构造简单，体积小。运行经验证明，这种直流装置工作也很可靠，所以下面重点介绍这种整流电源。

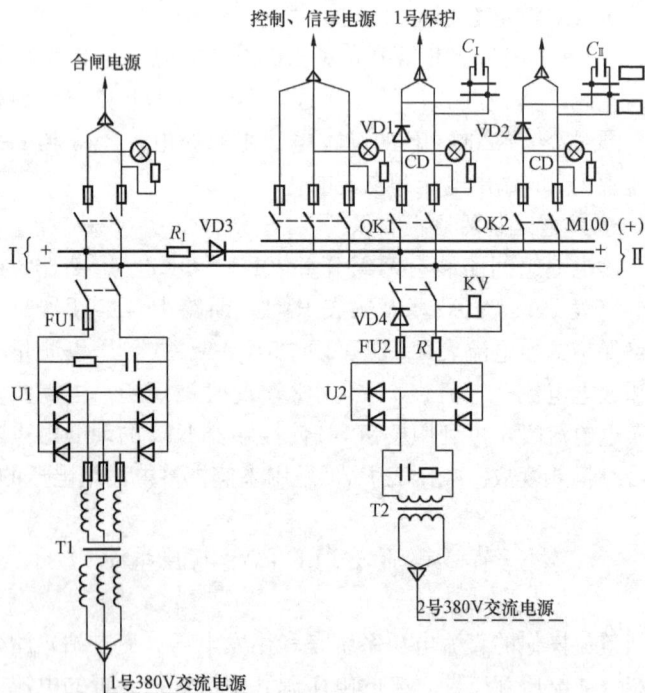

图 10-2 硅整流电容储能的直流电源系统接线

1. 整流器及直流母线

整流器 U1 采用三相桥式整流，容量大，接于母线Ⅰ，供断路器合闸用，也兼向母线Ⅱ供电；U2 容量较小，仅向控制、保护及信号回路供电，变压器 T1、T2 分别向整流器 U1、U2 提供交流电源。两组硅整流装置分别与直流母线Ⅰ和母线Ⅱ相连接，其间用电阻 R_1 和二极管 VD3 隔开。VD3 的作用相当于逆止阀，即只容许合闸母线Ⅰ向控制母线Ⅱ供电，而不能反向供电，以确保控制、保护及信号系统供电的可靠性。电阻 R_1 用以限制控制母线Ⅱ侧发生短路时流过 VD3 的电流，起保护 VD3 的作用。

2. 储能电容器组

$C_Ⅰ$ 和 $C_Ⅱ$ 为两组储能电容器组，又称为补偿电容器组。电容器组所储存的能量，仅在事故情况下向保护和跳闸回路放电，作为事故电源。二极管 VD1、VD2 的作用是防止事故时电容器向母线上其他回路（如信号灯等）放电。设两组电容器组，一组为 10kV 线路的继电保护和跳闸回路供电，另一组为主变压器和电源进线的继电保护和跳闸回路供电。这样，当 10kV 出线上发生故障时，继电保护动作，而断路器操动机构失灵而不能跳闸（此时由于跳闸线圈长时间通电，已将电容器组 $C_Ⅰ$ 的储能耗尽）时，起后备保护作用的主变压器的过电流保护仍可利用 $C_Ⅱ$ 的储能将故障切除。

3. 保护和信号

整流器 U1、U2 输出端的熔断器 FU1、FU2 为快速熔断器，起短路保护作用。U2 输出端的电阻 R 起保护 U2 的作用（限流）。电压继电器 KV 监视 U2 的端电压，当 U2 输出电压降低或消失时，KV 返回，其动断触点闭合，发出预告信号。VD4 为隔离二极管，防止在 U2 输出电压消失后，

U1 向 KV 供电，误发信号。

二、复式整流的直流系统

图 10-3 所示是复式整流的直流系统框图。正常运行时由厂（所）用变压器 T 或电压互感器 TV 供电，事故情况下由事故设备的电流互感器 TA 供给短路电流，经整流后作操作电源。

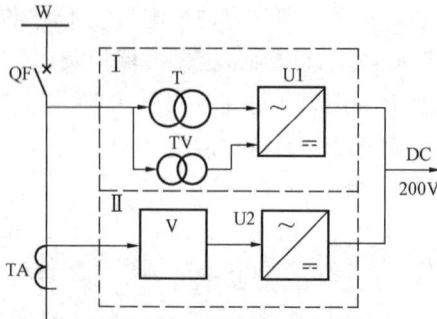

图 10-3　复式整流的直流系统框图

Ⅰ—电压源；Ⅱ—电流源

（1）电压源（Ⅰ）。复式整流装置的电压源一般由两条独立的回路供电，可分别取自变电所用变压器和外接高压系统电源的变压器（见图 10-4）。在正常运行和非对称短路故障时，电压源的电压为额定值，基本保持恒定；而在母线或馈线发生三相短路故障时，电压源电压严重降低甚至消失。

（2）电流源（Ⅱ）。复式整流系统的电流源是事故情况下由电流互感器供给的短路电流。在正常运行时电流源无输出，但在发生三相短路时，TA 有一个大的短路电流发生，其功率比电容储能式要大，经整流后可输出较大的直流电流作为事故电源。

（3）稳压器。短路电流变化范围较大，因此电流源必须设置稳压装置，才能获得比较平稳的直流电压。一般采用并联铁磁谐振饱和稳压器 V 稳压，其中将电容 C 与电感 L 构成谐振回路，起到滤波和改善电压波形的作用。

（4）阻容吸收装置。由于回路中电感元件的作用，交流电本身也有过电压作用于硅元件上，为了防止硅元件因过电压而击穿损坏，装设由电阻 R 和电容 C 串联组成的阻容吸收装置。由于电容 C 上的电压不能突变，延缓了过电压的上升速度，同时短路掉一部分高次谐波电压分量，使硅整流元件上出现的过电压不会在短时间内增至很大；电阻可限制电容器放电电流值大小，还可以防止电容、电感发生振荡。

三、整流操作直流电源系统的交流电源

在中小型发电厂和变电所中，常采用整流操作的直流电源，但必须有十分可靠的交流电源，下面以 35kV 变电所所用电源为例进行分析。

图 10-4 所示为所用电源变压器的一种接线方式，两台互为备用的所用变压器，一台接在 10kV 母线上，而另一台则接在电源进线断路器的外侧（高压线路上）。1 号所用变压器 T1 为 35kV/0.4kV，Yd11 接线；2 号所用变压器 T2 为 10kV/0.4kV，Yyn0（Yyn12）接线。两台所用变压器的二次侧电压有 30° 的相位差，所

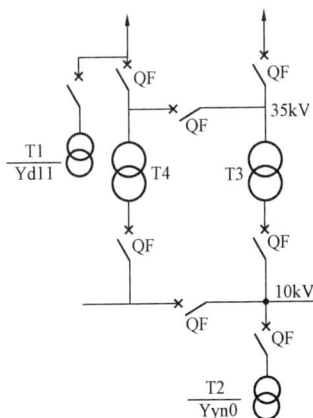

图 10-4　所用电源变压器的
一种接线方式

以不能并列运行，而只能一台运行，另一台备用。

图 10-5 所示为变电所备用电源自动投入装置接线图，其中 1 号变压器 T1 为正常工作变压器，2 号变压器 T2 为备用变压器。

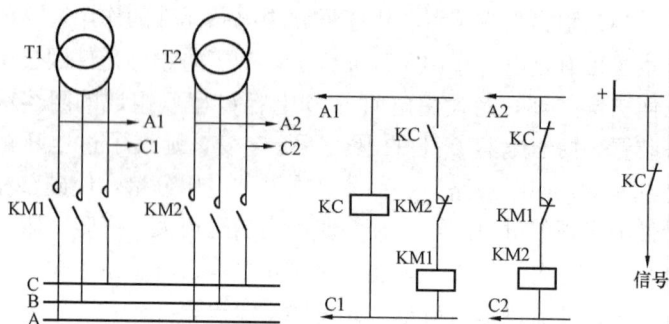

图 10-5　变电所备用电源自动投入装置接线图

（1）正常工作时，中间继电器 KC 带电，其动断触点断开交流接触器 KM2 的线圈回路，其动合触点接通交流接触器 KM1 的线圈回路，使 KM1 处于合闸状态，其主触头闭合，由 1 号变压器供电。

（2）当 1 号所用变压器 T1 发生故障时，其低压侧失去电压，KC 继电器失去电源，其动合触点返回，切断 KM1 线圈回路，使 KM1 的动断触点闭合；同时继电器 KC 的动断触点闭合，接通 KM2 线圈回路，KM2 的主触头闭合，使 2 号所用变压器自动投入工作。

正常运行时用 1 号所用变压器 T1 供电，是因为当在 10kV 引出线上发生短路时，所用电母线上有较高的残余电压。

第四节 直流绝缘监察装置和
电压监察装置

发电厂和变电站的直流系统接线复杂，从主控制室到室外变配电现场的电缆线路数量多、距离长，发生二次接线接地和（直流）绝缘降低的机会较多，所以在直流系统回路中应装设绝缘监察装置，以便及时发现接地点和绝缘降低的情况。

一、绝缘监察装置的构成原理

在发电厂和变电站中常用一种简化的绝缘监察装置，其接线如图 10-6 所示。它由直流绝缘监察继电器 KVI、转换开关 SM 和电压表 PV 等组成。按照其功能又可分为信号部

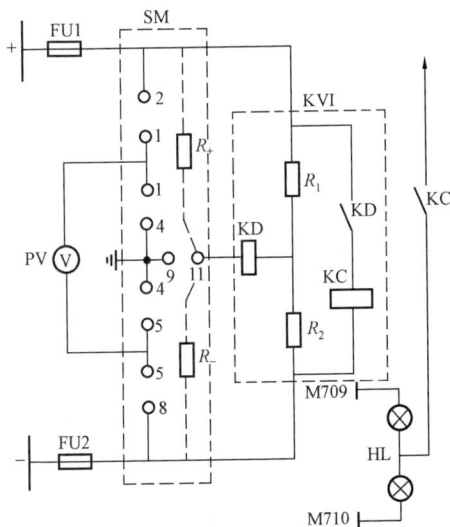

图 10-6 简化的绝缘监察装置接线

分和测量部分。

1. 信号部分

图 10-6 的右部为绝缘监察装置的信号部分，由绝缘监察继电器 KVI 及信号（音响和光字牌 HL）组成，R_+、R_- 分别为假设的正、负母线对地绝缘电阻，用虚线连接。R_1、R_2 及 R_+、R_- 组成电桥接线。KVI 中的 R_1、R_2 的数值要求相等（通常选 $R_1 = R_2 = 1000\Omega$），KD 为高灵敏度的干簧管继电器，KC 为中间继电器。正常情况下，正、负母线对地绝缘电阻 R_+、R_- 相等，继电器 KD 线圈中只有微小的不平衡电流流过，继电器不动作。当有一母线对地绝缘下降时，由于 $R_+ \neq R_-$，所以电桥失去平衡，继电器 KD 线圈中有一定量的电流流过，当此电流达到其动作值时，继电器 KVI 动作，KD 启动，其动合触点闭合启动 KC 继电器，KC 的动合触点闭合，发出"母线对地绝缘电阻下降"的信号（但不能分清是正母线绝缘电阻下降还是负母线绝缘电阻下降）。

2. 测量部分

在图 10-6 的左半部画出了由转换开关 SM 和电压表 PV 组成的测量部分。当有母线对地绝缘降低时，信号部分先发出"母线绝缘降低"的音响和光字牌信号，值班人员将 SM 开关依次打至"＋母线对地电压"和"－母线对地电压"，则 SM 的 2-1、4-5 接通和 5-8、1-4 接通，分别测出＋母线对地的电压值和－母线对地的电压值，电压值低者即绝缘有损坏。然后根据已知的电压表内阻 R_V 及直流母线工作电压 U，用计算的方法求出正、负极母线的对地绝缘电阻。

3. 对继电器 KD 的要求

在图 10-6 中有一个人工接地点，是为测量母线对地电压用的，但这样当直流回路中再有任一个短路接地点时，将会形成短路回路。为了防止直流回路中由此短路电流引起其他继电器误动作，继电器 KD 的线圈必须具有足够大的电阻值，一般 220V 直流系统选用 $R_{KD} = 30k\Omega$ 的线圈，其启动电流为 1.4mA。为防止继电器误动作，回路中的其他继电器线圈的启动电流都应大于 1.4mA。所以，在 220V 的直流系统中，当任一母线的绝缘电阻下降至 15～20kΩ 时，绝缘监察继电器便会立即发出信号。

4. 绝缘监察装置存在的问题

直流绝缘监察装置虽然在发电厂和变电所中广为应用，但由于它采用电桥平衡原理，所以在正、负母线绝缘电阻均等下降时，无法发出预告信号。

二、直流母线的电压监察装置

直流母线的电压必须保持在规定的范围内，以保证控制装置、信号装置、继电保护和自动装置可靠动作和正常运行。否则，若直流母线上电压过高，对于长期带电的设备，如继电器、信号灯等会造成损坏或缩短其使用寿命；若直流母线电压过低，则可能导致继电保护装置和断路器操动机构拒绝动作。通常直流母线的电压是由电压监察装置进行监视的，其典型的接线如图 10-7 所示。由图可知，它是由一只低电压继电器 KV1 和一只过电压继电器 KV2 组成的。当直流母线上的电压低于规定值（$0.75U_N$，U_N 为直流母线的额定电压，即 220V）时，低电压继电器 KV1 返回，其动断触点闭合，H1 光字牌点亮，预告母线电压过低；当母线上的电压高于规定值（$1.25U_N$）时，过电压继电器 KV2 动作，其动合触点闭合，H2 光字牌点亮，预告母线电压过高。

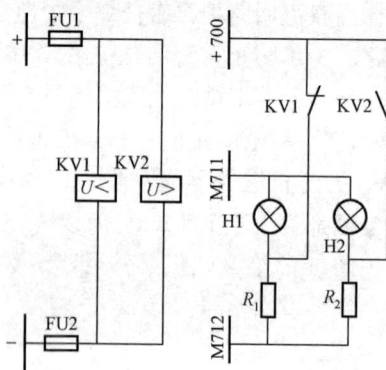

图 10-7　直流母线电压监察装置接线图

第十一章

二次接线的安装施工图

发电厂和变电所的二次接线图，是采用国家规定的图形符号和文字符号并按一定的连接方式来表达二次设备连接关系的重要图纸，接线图的设计水平和质量对电力系统的安全、经济运行和生产高质量的电能都有重要作用。

第一节　安装施工图概述

为了安装施工和维修试验的方便，在原理接线图和展开接线图的基础上，还需绘制用于具体安装施工接线用的安装施工图，包括屏面布置图、屏背面接线图和端子排图。

（1）屏面布置图是从屏的正面看到的屏中各设备的实际安装布置图。

（2）屏背面接线图是从屏的背面看到的屏中各设备（后视图）的端子间以及设备与端子排间互相连接的图纸。

（3）端子排图是屏内设备接线所需的各类端子排列以及与屏内外设备连接的图纸。

安装施工图中各种仪表、继电器、元器件以及连线都是按照其实际图形、位置和接线关系绘制的，为了接线和施工维修的方便，在施工图中还应按规定进行回路编号，以区别各回路的不同用途。

第二节　屏面布置图

屏面布置图是标明二次设备在控制屏（台）、保护屏上安装布置情况的图纸。图上应按比例画出屏上各设备的安装位置、外形尺寸，并应附有设备明细表，列出屏中各设备的名称、型号、技术数据及数量等，以便制造厂备料和安装加工。

图 11-1 所示是 35kV 线路控制屏屏面布置图，通用标准屏高 2360mm、宽 800mm、深 550mm；控制屏面上，从上到下布置着指示仪表、光字牌、转换（控制）开关、模拟接线、红绿灯等。为了确保安全运行，控制开关和按钮的位置应与模拟线相对应。

为了整齐、清晰，同一水平线上应安装同类仪表，同屏有两个安装单位及以上的，其设备应按纵向 A、B、C 的顺序排列。图 11-1 上控

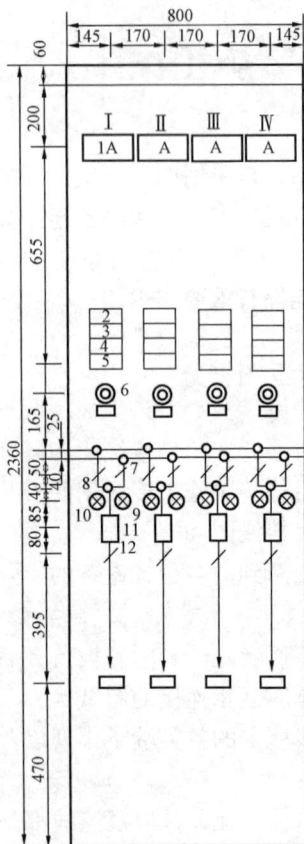

图 11-1　35kV 线路控制屏屏面布置图

制的 4 条线路，即 4 个安装单位。

控制屏（台）的屏面布置应方便操作，布局对称美观。

第三节　端　子　排　图

屏内相隔较远的设备间、屏与屏间及屏内外设备间、连接电缆等的接线，都是通过屏内接线端子的过渡来完成的，许多接线端子组合在一起便构成端子排。控制屏和保护屏的端子排通常垂直布置在屏背后的两侧。

一、端子排的设计

二次接线是否经过端子排连接，应以检修、运行、接线和调试方便为原则。

（1）端子排的设置应与屏内设备相对应，如靠近屏左侧的设备接左侧端子排，右侧设备接右侧端子排，上方和下方的设备也应与端子排相对应，以便节省导线，便于查线和维修。

（2）各安装单位之间的连接、屏内设备与屏外设备之间的连接以及需经本屏转接的回路（称过渡回路），应经过端子排。

（3）同一屏上相邻设备之间的连接不经过端子排；两设备相距较远或接线不方便时，应经过端子排。

（4）正电源应经端子排引接，负电源应在屏内设备间形成环路，环路的两端应接至端子排。

（5）屏内设备与直接接至小母线的设备（如熔断器、小开关或附加电阻）的连接，一般应经过端子排。

（6）端子排的上、下两端应装终端端子，且在每个安装单位端子排的最后预留 2～5 个端子备用。

（7）接线端子的一侧一般只接一根导线，最多不超过两根。

二、端子排的排列

为接线方便，规定按回路性质由上至下依次排列，顺序如下：

（1）交流电流回路，按电流互感器分组，且按 A、B、C、N 相序，数字由小到大依次排列。

（2）交流电压回路，按电压互感器分组，且按 A、B、C、N、L 排列。

（3）信号回路，按预告、事故、位置及指挥信号分组。

（4）控制回路，按熔断器分组排列，每组先排正极回路（单号，由小到大），再排负极回路（双号，由小到大）。

三、端子排的表示方法

图 11-2 是端子排的表示方法示意图。由图可知，绘制端子排图应注意以下几个问题：

（1）用不同的图形符号表示不同型号的端子及连接情况，以及安装单位及编号等。

（2）根据展开图和屏面布置图核准各设备所在的位置：断路器、隔离开关、电流互感器、电压互感器等位于配电现场；各种测量仪表、信号指示、保护装置等在主控制室的控制屏、保护屏和电能表屏上。

（3）每块屏内、屏外设备之间的连线及编号，应根据同一电位的节点编一个号和相对编号法的原则进行。

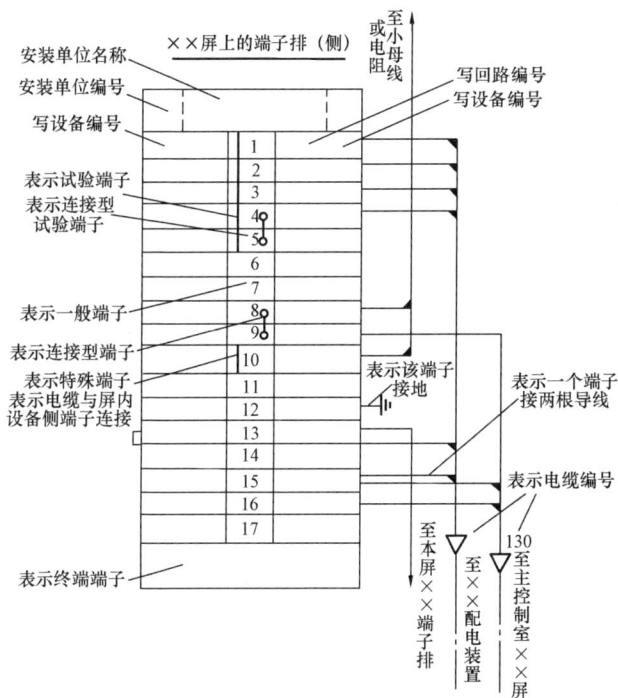

图 11-2　端子排的表示法示意图

第四节　屏背面接线图

屏背面接线图是以屏面布置图为基础的，从屏的背后看到的设备图形，是按实际位置和基本尺寸画出的，其位置与屏面布置图的左、右正好相反。屏背面接线图及端子排图都是以展开接线图为依据，利用相对编号法对应标号画出的，下面介绍其具体画法。

一、屏背面接线图的布置

图 11-3 所示是常见的屏背面接线图的布置形式，屏正面安装的设备，屏背面看不见轮廓，其边框用虚线表示。屏背后的左、右端子排画在屏的左右两边。小母线及熔断器、小开关、电铃等屏后上部的设备也画在屏的上面，并画成正视图。

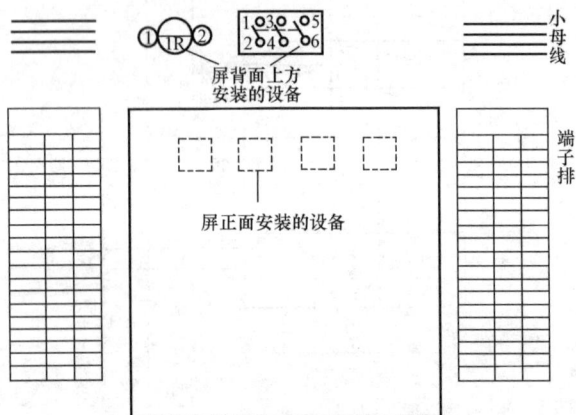

图 11-3　屏背面接线图的布置形式

二、设备图形的标示

屏背面布置图中各设备图形按规定表示为图 11-4 所示的形式，背视图上方画一圆圈，上半圆标明安装单位编号及设备顺序号；下半圆标明设备的文字符号，圆圈下方写出设备的具体规格型号。

三、相对编号法及其应用

在发电厂和变电所中，二次设备是十分复杂的，其接线数目很多，普遍采用相对编号法来表示设备间的相互连线。相对编号法就是，如果甲、乙两个端子应该用导线相连，那

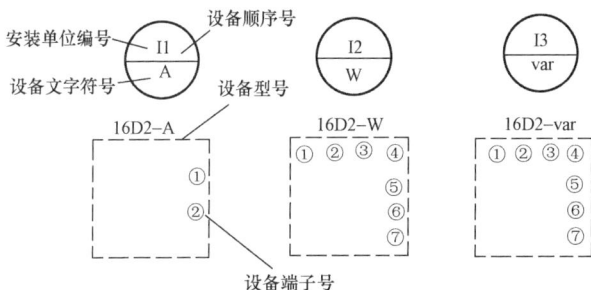

图 11-4　屏背面接线图中各设备图形的标示

么就在甲端子旁标上乙端子的编号，而在乙端子旁标上甲端子的编号。这样，在接线和维修时就可以根据图纸，对于屏上每个设备的任一端子，都能找到与其连接的对象。如果某个端子旁没有标号，就说明该端子是空着的；如果一个端子旁标有两个标号，则说明该端子有两条连线，有两个连接对象。

现以图 1-2 所示 6～10kV 线路保护展开接线图为例，具体说明相对编号法的应用。

1. 交流电流回路部分

6～10kV 线路保护交流电流回路的展开接线图，相应的电流继电器 KA1、KA2 的背视图和端子排图如图 11-5 所示。继电器 KA1 和 KA2 的设备编号分别定为 I 1 和 I 2，背视图中画出了继电器 I1 和 I2 的内部接线和端子号；端子排的首行标出了其安装单位号 "Ⅰ" 和安装单位名称 "10kV 线路保护"，下面画出有关的三个端子 1、2、3 号。

下面用相对编号法在继电器背视图和端子排图上对连线端子对应编号，完成其屏背面接线图和端子排图。

(1) 由展开图 11-5 (a) 知，电流互感器 TA1 在配电现

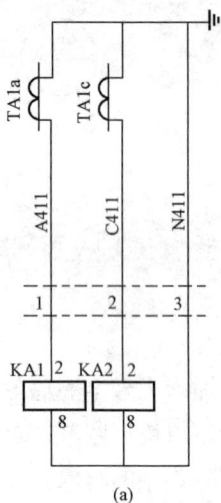

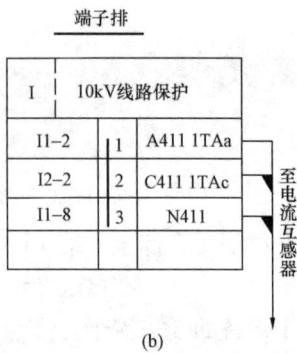

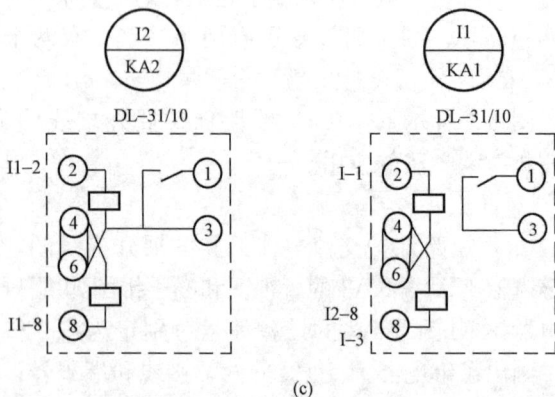

图 11-5　相对编号法的应用（一）

（a）展开图；（b）端子排图；（c）背视图

场，而电流继电器 KA1 和 KA2 在主控室保护屏上，所以从 TA1 引来的三根电缆（回路编号为 A411、C411、N411）

需要经过端子排的外侧才能与继电器连接，为此应用了端子排上 1～3 号端子，并在其外侧标上连线编号 A411、C411 和 N411 及相应电流互感器的符号及相序，如图 11-5（b）所示。

（2）端子排的内侧应接屏内设备电流继电器 KA1（Ⅰ1）和 KA2（Ⅰ2），由此可知，在 A411 与 KA1 间是 1 号端子，在 C411 与 KA2 间是 2 号端子，在 N411 左边应是 3 号端子，为初学者易于理解，此处用虚线在展开图中画出各端子号。而端子的右侧对应端子排的外侧，通过电缆接于现场电流互感器。

（3）图 11-5（c）为电流继电器背视图，其线圈有两个引出端子②和⑧。根据展开图 11-5（a）的连接关系，依次在 Ⅰ 和 Ⅰ1 及 Ⅰ2 的相应位置标上相关的标号。

2. 直流操作回路和信号回路部分

10kV 线路保护直流操作回路和信号回路的展开接线图，相应的时间继电器 KT 和信号继电器 KS 的背视图和端子排图，如图 11-6 所示。时间继电器 KT 的设备号定为 Ⅰ3，信号继电器 KS 的设备号定为 Ⅰ4，背视图中画出了 Ⅰ3 和 Ⅰ4 的内部接线和端子号。下面根据展开接线图用相对编号法画出相应的端子排图和屏背面接线图。

（1）根据端子排的设置原则，在展开接线图 11-6（a）的适当位置先虚设一定量的接线端子 5、7、9、11 和 12 号，而为扩展接线将 4、6、8 和 10 号端子空着不用，从而确定端子排的端子数和型号。

（2）将需由屏外引入的设备及接线标在端子排的外侧。由展开图 11-6（a）可见，位于变配电现场的电流互感器二次电流由三芯电缆 A411、C411 和 N411 引入保护屏，接 1、

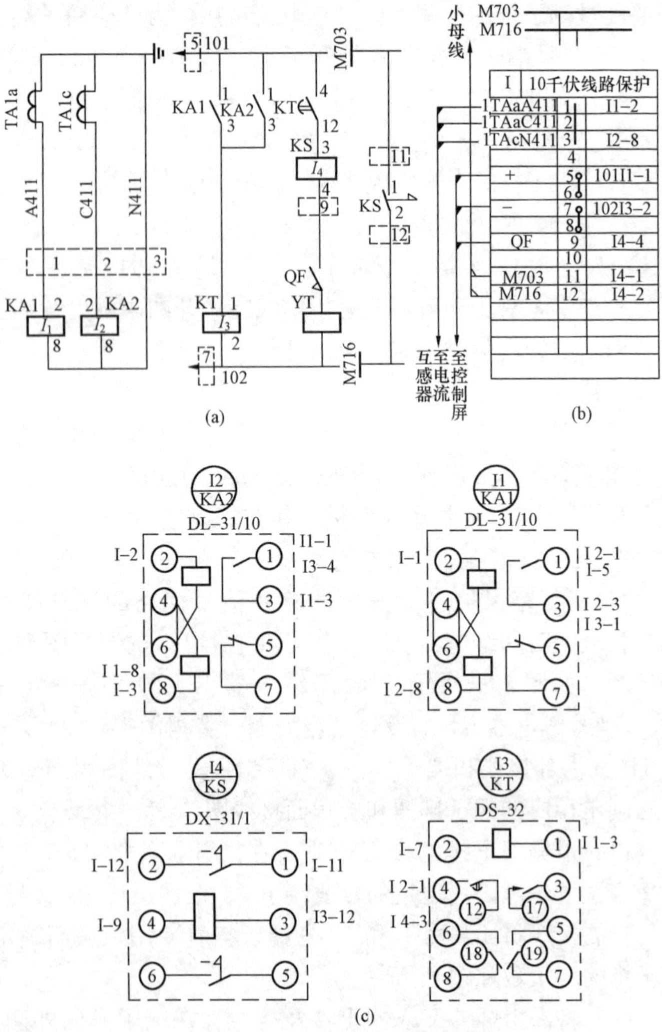

图 11-6 相对编号法的应用

(a) 展开图；(b) 端子排图；(c) 屏背面接线图

2、3号端子；＋、－电源与控制屏共用一套，由控制屏引入，接5、7号端子；断路器QF动合辅助触点由配电现场经控制屏转接引入9号端子；辅助小母线M703和光字牌小母线M716由屏顶端经11和12号端子引入，如端子排图11-6（b）所示。

（3）与端子排连接的屏内设备编号及端子号标于端子排内侧。由展开接线图11-6（a）和端子排图11-6（b）可知，5号端子内侧由101号导线接Ⅰ1-1；7号端子内侧由102号导线接Ⅰ3-2；9号端子内侧接Ⅰ4-4；11号端子内侧由703号导线接Ⅰ4-1；12号端子内侧由716号导线接Ⅰ4-2。至此端子排图完成。

（4）与端子排直接连接的屏内设备［见图11-6（c）］编号，由端子排图找到内侧所接屏内设备号，在设备相关端子旁标上端子排的对应端子号，即在Ⅰ1的①旁标上Ⅰ-5；在Ⅰ2的②旁标上Ⅰ-2，⑧旁标上Ⅰ-3；在Ⅰ3的②旁标上Ⅰ-7；在Ⅰ4的④旁标上Ⅰ-9，①旁标上Ⅰ-11，②旁标上Ⅰ-12。

（5）不经端子排直接互联设备的相对编号。根据展开接线图，Ⅰ1的③与Ⅰ3的①以及Ⅰ2的③相连，所以在Ⅰ1的③旁标上Ⅰ2-3和Ⅰ3-1；对应的，在Ⅰ2的③旁标上Ⅰ1-3，在Ⅰ3的①旁标上Ⅰ1-3。同理，在Ⅰ1的①旁标上Ⅰ2-1，在Ⅰ2的①旁标上Ⅰ1-1和Ⅰ3-4，⑧旁标上Ⅰ1-8；在Ⅰ3的④旁标上Ⅰ2-1，在Ⅰ4的③旁标上Ⅰ3-12，在Ⅰ3的⑫旁上Ⅰ4-3。

到此为止，6～10kV线路保护的屏背面接线图和端子排图应用相对编号法绘制完成。

附表 电气二次接线常用设备文字符号表

名　称	符号 单字母	符号 多字母	名　称	符号 单字母	符号 多字母
功能单元、组件，电路板，控制屏、台、装置	A		零序电流方向保护装置		APZ
自动切机装置		AAC	自同步装置		AS
重合闸装置		AAR	自动准同步装置		ASA
电源自动投入装置		AAT	手动准同步装置		ASM
振荡闭锁装置		ABS	收发信机		AT
载波机		AC	远方跳闸装置		ATQ
中央信号装置		ACS	故障距离探测装置		AUD
强行减磁装置		AED	硅整流装置		AUF
强行励磁装置		AEI	蓄电池组		CB
自动励磁调节装置		AER	避雷器	F	
按频率减负荷装置		AFL	熔断器		FU
故障录波装置		AFO	交流发电机		GA
自动频率调节装置		AFR	直流发电机		GD
保护装置		AP	励磁机		GE
电流保护装置		APA	同步发电机，发生器		GS
母线保护装置		APB	声响指示器		HA
距离保护装置		APD	电铃		HAB
失灵保护装置		APD	蜂鸣器，电喇叭		HAU
接地故障保护装置		APE	信号灯		HL
（线路）纵联保护装置		APP	合闸信号灯		HLC
			跳闸信号灯		HLT
			继电器	K	
电压保护装置		APV	电流继电器		KA
			负序电流继电器		KAN

178

名　称	符　号		名　称	符　号	
	单字母	多字母		单字母	多字母
过电流继电器		KAO	阻抗继电器		KI
欠电流继电器		KAU	保持继电器		KL
零序电流继电器		KAZ	脉冲继电器		KM
控制（中间）继电器		KC	极化继电器		KP
			重合闸继电器		KRC
事故信号中间继电器		KCA	干簧继电器		KRD
			信号继电器		KS
合闸位置继电器		KCC	收信继电器		KSR
重动继电器		KCE	停信继电器		KSS
防跳继电器		KCF	启动继电器		KST
出口中间继电器		KCO	零序信号继电器		KSZ
重合闸后加速继电器		KCP	时间继电器		KT
			分相跳闸继电器		KTF
预告信号中间继电器		KCR	母联断路器跳闸继电器		KTW
同期中间继电器		KCS	电压继电器		KV
跳闸位置继电器		KCT	绝缘监察继电器		KVI
切换继电器		KCW	负序电压继电器		KVN
差动继电器		KD	过电压继电器		KVO
电流相位比较差动继电器		KDA	压力监察继电器		KVP
			电源监视继电器		KVS
母线差动继电器		KDB	欠电压继电器		KVU
接地继电器		KE	零序电压继电器		KVZ
过励磁继电器		KEO	功率方向继电器		KW
欠励磁继电器		KEU	负序功率方向继电器		KWN
频率继电器		KF			
差频率继电器		KFD	零序功率方向继电器		KWZ
过频率继电器		KFO			
欠频率继电器		KFU	同步监察继电器		KY
气体继电器		KG	失步继电器		KYO
闪光继电器		KH	电动机	M	

名　　称	符　号		名　　称	符　号	
	单字母	多字母		单字母	多字母
同步电动机		MS	按钮开关	S	SB
电流表		PA	测量转换开关	S	SM
（脉冲）计数器		PC	自动准同步开关		SSA1
电能表		PJ	自同步开关		SSA2
有功功率表		PPA	解除手动准同步		SSM
无功功率表		PPR	开关		
时钟，操作时间表		PT	手动准同步开关		SSM1
			变压器，调压器	T	
电压表		PV	电流互感器		TA
接触器，灭磁开关	Q		控制电路电源用变压器		TC
自动开关		QA	双绕组变压器，电力变压器		TM
断路器		QF	转角变压器		TR
刀开关		QK	自耦变压器		TT
隔离开关		QS	电压互感器		TV
接地开关		QSE	变换器	U	
电阻器，变阻器	R		电流变换器		UA
电位器		RP	电压变换器		UV
终端开关	S		电抗变换器		UR
控制开关（手动），选择开关	S	SA	跳闸线圈		YT
			连接片		XB